LEAN Production – einfach und umfassend

Roman Hänggi · André Fimpel ·
Roland Siegenthaler

LEAN Production – einfach und umfassend

Ein praxisorientierter Leitfaden zu
schlanken Prozessen mit Bildern erklärt

Roman Hänggi
Brülisau, Schweiz

André Fimpel
Stuttgart, Deutschland

Roland Siegenthaler
Meilen, Schweiz

ISBN 978-3-662-62701-3   ISBN 978-3-662-62702-0   (eBook)
https://doi.org/10.1007/978-3-662-62702-0

Die Deutsche Nationalbibliothek verzeichnet diese Publikation in der Deutschen Nationalbibliografie; detaillierte bibliografische Daten sind im Internet über http://dnb.d-nb.de abrufbar.

Planung/Lektorat: Michael Kottusch
Springer Vieweg ist ein Imprint der eingetragenen Gesellschaft Springer-Verlag GmbH, DE und ist ein Teil von Springer Nature.
Die Anschrift der Gesellschaft ist: Heidelberger Platz 3, 14197 Berlin, Germany

Vorwort

Der Startpunkt von „Lean Production – einfach und umfassend" war im Anschluss an Rolands Vortrag zum Thema „Visualisierung komplexer Sachverhalte", als wir uns über die Komplexität der Umsetzung von Lean-Management unterhielten. Uns trieb seit Jahren die Frage um, wie man die Lean-Theorie einfach und breit kommunizieren kann. Denn das umfassende Verständnis über Lean steht am Anfang jeder erfolgreichen Lean-Veränderung. Ganz nach dem Motto „just do it" fingen wir an, unser Wissen und Können an diesem inzwischen späten Abend zu kombinieren, und packten einige typische Lean-Prinzipien in Methaphern und illustrierten sie in Bildern. In dem Augenblick war die Idee für „Lean Production – einfach und umfassend" geboren. Ein Lean-Professor, ein Lean-Praxis-Experte und ein Illustrator hatten sich zu einem spannenden Weg zusammengefunden.

Nach inzwischen nahezu drei Jahren mit vielen kontroversen Diskussionen, harmonischen Arbeitsmeetings und vielen Nachtschichten haben wir nun die erste Ausgabe von „Lean Production - einfach und umfassend" finalisiert. Die Suche nach den richtigen Methaphern, der logischen Struktur, den schlüssigsten Geschichten und selbstsprechenden Bildern war nicht immer einfach und hat uns oft gefordert. Das Feedback von vielen Freunden und Kollegen hat uns immer wieder motiviert. Ihre Ratschläge haben wir sehr geschätzt und ihr Input brachte das Buch weiter.

Unser Ziel ist es, die Themen immer *einfach* zu halten, indem wir Bilder, Beispiele und konkrete Erfahrungen aus vielen Lean-Projekten nutzen, um dem Leser eine lebendige Vorstellung über Lean zu vermitteln. Auf der anderen Seite stellen wir Lean *umfassend* dar und schlagen einen konkreten und in der Praxis bewährten Leitfaden vor. Wir decken dabei das gesamte Spektrum von den Verschwendungs-Grundlagen über die wichtigsten Lean-Prinzipien bis zu praxiserprobten Lean-Methoden und dem Lean-Change ab.

Wir hoffen, dass wir damit sowohl den Lean-Beginner für das Thema begeistern können als auch den Lean-Experten weiter inspirieren, jeden Tag neue Möglichkeiten zu finden, um Verschwendung aus seinen Prozessen zu verbannen. Und wünschen viel Spaß beim Lesen.

Roman Hänggi   André Fimpel   Roland Siegenthaler

Einleitung

Was ist eigentlich Lean-Production?

Lean-Production (auch im Deutschen wird oft der englische Begriff verwendet) bedeutet verschwendungsfrei und ohne Umwege zu produzieren. Das Ziel ist Qualität, Pünktlichkeit und Produktivität sicherzustellen sowie die Voraussetzungen für Automatisierung und Digitalisierung zu schaffen.

In einem Lean-Idealprozess steht der Kunde im Fokus und bekommt immer das richtige Produkt, am richtigen Ort, zur richtigen Zeit, in der richtigen Menge und in der richtigen Qualität. Dieses 5 X Richtig-Grundprinzip, auch als 5R-Prinzip oder Just-in-Time-Prinzip bekannt, ist eine zentrale Säule im Toyota-Produktionssystem, dem Ursprung von Lean-Production (Ōno et al. 2013).

Alles was der Umsetzung des Just-in-Time-Prinzips im Weg steht, ist im Sinne von Lean-Production Verschwendung. Es gibt eine Reihe an Lean-Prinzipien und Methoden, die dabei helfen diese aus dem Weg zu räumen.

Um diesen neuen Weg zu gehen, ist nicht nur Wissen über Methoden wichtig, sondern es ist auch ein Umdenken und eine neue Unternehmenskultur notwendig. Dieser Wandel ist der schwierigste Schritt. Wir wollen dich mit dem Buch inspirieren diesen Weg zu gehen.

Ist Lean nicht langsam out?

Die ersten Überlegungen zu Lean-Production wurden in der Mitte des letzten Jahrhunderts in den Toyota-Werken gemacht. In den 90ern wurde Lean durch mehrere Publikationen auch in unseren Breitengraden bekannt (Womack et al. 2007) und es startete eine Welle der Begeisterung, die aber in den letzten Jahren spürbar abgenommen hat. Lean wurde über die Jahre als altmodisch abgestempelt und langsam vergessen.

Aus unserer Sicht wurde Lean-Production leider nur in wenigen Unternehmen richtig verstanden und daher auch nur in einzelnen Fällen konsequent über die Jahre umgesetzt. Nicht selten werden lediglich einige Methoden aus dem Lean-Baukasten punktuell angewendet, ohne ein Gesamtziel und eine Vision zu verfolgen. Eine echte Lean-Kultur - Fehlanzeige.

Doch Lean ist wie Anschnallen im Auto oder Hände waschen. Es mag nicht mehr neu sein, hat aber kein Verfallsdatum. Es ist und bleibt wichtig, sinnvoll und effektiv. Heute mehr denn je.

Digitalisierung bringt Lean zurück ins Spiel!

Wie wir an einigen Beispielen zeigen werden, besteht beim Einsatz der vielen verfügbaren technischen Möglichkeiten die Gefahr, dass Technologien eingesetzt werden, um die Verschwendung zu beherrschen, statt sie zu eliminieren. In der ganzen Euphorie um Digitalisierung bekommt Lean daher heute mehr denn je eine große strategische Bedeutung für jedes Unternehmen. Erst wenn Prozesse frei von Verschwendung sind, kommt die Digitalisierung zum Fliegen.

Das hat uns motiviert, einzelne Lean-Fragmente wieder in einen Gesamtkontext zu bringen, aber dennoch übersichtlich zu verpacken. Das Buch präsentiert dir die Zusammenhänge rund um Lean in der ganzen Breite. Das wird dir helfen deine Produktion umfassend zu optimieren und den kritischen Stimmen bei der Lean-Umsetzung entgegenzutreten. Der Erfolg deiner Maßnahmen wird der Motor für die Lean-Kultur und die Basis für die (dann sinnvolle) Digitalisierung in deinem Betrieb legen.

Lean funktioniert auch ohne Autofabrik

Übrigens: Es hält sich leider immer noch hartnäckig der Glaube, Lean-Production funktioniert nur im Automobilbau mit großen Produktions-Straßen und Millionen Stückzahlen. Wohl hat der Toyota Ingenieur Taiichi Ohno (Ōno und Bodek 2008) die Grundlagen in diesem Kontext entwickelt und auch wir haben unsere Erfahrung mit Lean vor allem im Produktionsbetrieb, jedoch nicht nur Automobilbau, gesammelt. Doch Lean bedeutet eigentlich nur "ohne Verschwendung zu produzieren". Und das funktioniert auch in der Bäckerei, auf der Baustelle, im Büro oder sogar zu Hause in der Küche.

Espresso ohne Verschwendung

Verschwendung sehen

Wenn du einen Prozess, zum Beispiel die Espressozubereitung auf Ver-schwendung untersuchst, wirst du mit Erstaunen und Schrecken fest-stellen, dass der Barista pro Stunde ganze 45 min mit Warten und anderen unnützen Dingen verbringt. Lediglich 15 min, respektive 25 % seiner Kapazität, investiert er in wertschöpfende Aktivitäten, die dem Kunden einen Nutzen bringen. Wenn du diesen Prozess optimieren möchtest, geht es nicht darum schneller zu arbeiten, sondern du musst es schaffen, die Ver-schwendung aus dem Prozess zu entfernen. Die Verschwendung sichtbar zu machen und zu quantifizieren, ist dabei der erste wichtige Schritt auf dem Weg zum schlanken Prozess.

Wo versteckt sich also die Verschwendung im Espresso-Prozess? Um diese zu sehen, musst du den Prozess gedanklich in kleine Teilschritte zerlegen: Der Barista nimmt die Tasse (1), trägt sie zur Kaffeemaschine (2), drückt auf Start (3), wartet bis die Tasse voll ist (4)... und endlich ist der Espresso fertig!

Verschwendung im Sinne von Lean ist nun zunächst, dass der Barista die Tasse den Weg vom Schrank zur Maschine tragen muss. Und das Warten ist ebenfalls nicht wertschöpfend. Bereits in diesem kleinen Beispiel versteckt sich also einiges an Verschwendung.

Digitalisieren geht über Studieren?!

Egal welche Verschwendung uns gerade in der Produktion plagt, Digitalisierung scheint heute für alles die elegante Lösung zu sein! Doch auch wenn du dir den modernsten Roboter kaufst, der dir die Tasse autonom vom Schrank zur Kaffeemaschine trägt, die Verschwendung ist immer noch da. Jetzt einfach automatisiert.

Der Weg zum schlank produzierten Espresso

„Don't digitize your mess!" ist deshalb oberste Devise. Es ist ohnehin viel günstiger den Tassenschrank zur Maschine zu schieben, als einen Roboter zu kaufen und zu programmieren. Und nur damit ist die Verschwendung auch wirklich beseitigt.

Und genau darum geht es bei Lean: Verschwendung zu sehen und systematisch aus deinem Prozess zu eliminieren.

Lean verstehen in fünf Schritten

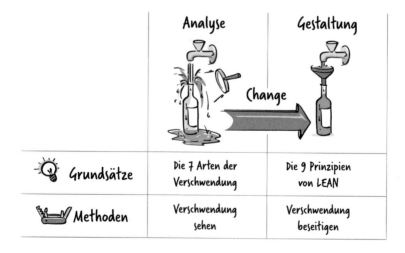

	Analyse	Gestaltung
💡 Grundsätze	Die 7 Arten der Verschwendung	Die 9 Prinzipien von LEAN
🔧 Methoden	Verschwendung sehen	Verschwendung beseitigen

Die Lean-Theorie ist nur auf den ersten Blick einfach. Unsere Erfahrung zeigt, dass viel Verwirrung betreffend Grundsätzlichem, Begrifflichkeiten und Inhalt herrscht. Unsere Struktur des Buchs wird hier Abhilfe schaffen.

Nach dieser Einleitung geht es zunächst um die Theorie: Verschwendung verstehen und wie man diese vermeidet.

Kapitel 1 – Die 7 Arten der Verschwendung: Eine schlanke Produktion ist eine verschwendungsfreie Produktion. Zunächst musst du also wissen was Verschwendung ist und welche Arten es davon gibt.

Kapitel 2 – Die 9 Prinzipien zur Vermeidung der Verschwendung: Um die Verschwendung samt Ursachen zu beseitigen, geht es jetzt darum, dass du deine Prozesse nach den Lean-Prinzipien ausrichtest. Wir stellen die neun wichtigsten vor.

Nun wird's praktisch: Im Teil 3 und 4 geht es um konkrete Methoden und Tools, um die Verschwendung zu sehen und deine Produktion nach den Prinzipien zu gestalten.

Kapitel 3 – Methoden, um Verschwendung zu sehen: Wir zeigen dir hier Analysemethoden, um Verschwendung in deiner Produktion zu sehen und zu quantifizieren.

Kapitel 4 – Methoden zur Beseitigung der Verschwendung: Nachdem du Verschwendung in deinen Prozessen sehen kannst, musst du sie nun eliminieren. Wir zeigen dir die wichtigsten Methoden aus dem Lean-Baukasten, mit denen du die 9 Prinzipien umsetzen kannst und damit die 7 Arten der Verschwendung nachhaltig aus deinen Prozessen verbannst.

Und schließlich diskutieren wir noch Ansätze, wie man die Veränderung zur Lean-Firma umsetzen kann.

Kapitel 5 – Lean-Change: Um ein schlankes Unternehmen zu werden, ist es leider nicht damit getan, punktuell einige Methoden anzuwenden. Lean funktioniert nur, wenn es richtig in der Firma verankert wird. Der Lean-Change erfordert dazu einen umfassenden Kulturwandel im Unternehmen. Dieser muss sorgfältig überlegt und umgesetzt werden. Wir zeigen, wie es gelingen kann.

Inhaltsverzeichnis

Über die Autoren

Roman Hänggi Professor für Produktionsmanagement
Nach dem Ingenieurstudium und der Promotion in Wirtschaftswissen-
schaften startete Roman Anfangs der 90er Jahre in der Industrie und
optimierte eine Optik-Fertigung bei Leica mit Lean. Diese Begeisterung
für Lean hat ihn sein ganzes Berufsleben begleitet. So setzte er in der
Produktion weitere erfolgreiche Lean-Projekte bei Bosch, Hilti und
Arbonia um und nutzte diese Erfahrung aus der Produktion, um auch
Prozesse in Entwicklung, Service oder Administration mit Lean zu
optimieren. Die Neugierde und die Lust, sein umfassendes Wissen
aus der Industrie weiterzugeben, haben ihn auf den Lehrstuhl für
Produktionsmanagement an der Fachhochschule OST geführt. Dort
motiviert er Studierende in Rapperswil und St. Gallen in Vorlesungen
zu Lean und Digitalisierung in der Industrie. Die Praxis ist ihm
wichtig. Darum unterstützt er Industriefirmen auf ihrem Weg zum Lean

Champion und Industrie 4.0 Gewinner. Auch unterrichtet er als Dozent in Executive Programmen an der Universität St. Gallen. In seiner Freizeit ist Roman auf den Skipisten im Appenzellerland anzutreffen.

André Fimpel Lean Manager & Lean Consultant

Lean ist eine Frage der Kultur. Und in Sachen Kultur, da hat André einen breiten Horizont. Geboren in Brasilien, aufgewachsen in Deutschland und Argentinien, kennt er die Lebens- und Arbeitsweisen der Menschen in allen Facetten. Nach dem Studium als Wirtschaftsingenieur startete er vor 15 Jahren seine Mission-Lean als Berater: erst für das Fraunhofer Institut für Produktionstechnik und Automatisierung in Stuttgart, dann für Porsche Consulting und nun für die Helmut Fischer GmbH. Doch Berater ist wohl der falsche Name für seine Berufung. Er ist ein Lean-Enthusiast, ein Tüftler und ein Kommunikator, der es schafft, sowohl den Mechaniker im chinesischen Automobilwerk als auch den CEO der italienischen Schuhfabrik für die schlanke Produktion zu begeistern. André ist der toleranteste Mensch auf Erden, nur etwas hasst er von ganzem Herzen: Lagerbestände und die sechs weiteren Arten der Verschwendung.

Roland Siegentaler Illustrator für Wissen und Prozesse

Roland ist extrem neugierig, extrem kreativ und extrem bequem. Diese drei Merkmale haben ihn für den Posten als Fragesteller, Zeichner und Textwürzer in diesem Buch qualifiziert. Eigentlich ist Roland Elektroingenieur. Mit 30 Jahren hat er jedoch gemerkt, dass Projekte selten an der Technik, sondern meist an der Kommunikation scheitern. Als Autodidakt hat er sich deshalb über Jahre zum Visualisierungs-Profi entwickelt. Mit seinen Erklärkünsten unterstützt er nun Teams, von der Produktion bis zur Geschäftsleitung beim Kommunizieren von Innovation und Change. Seine Kundschaft reicht vom Kleinunternehmen bis zum internationalen Großkonzern. Zu Rolands Publikum gehören auch seine drei lustigen Kinder, denen er mit Bildern diese faszinierende und verrückte Welt zu erklären versucht.

Abkürzungsverzeichnis

5S	Lean-Methode, die mit den fünf Schritten Sortieren, Säubern, Sichtbar-machen, Standardisieren und (Ab)sichern des Standards den Arbeitsplatz organisiert
5R	5X-Richtig-Grundprinzip oder auch Just-in-Time-Prinzip. Bedeutet, das richtige Teil, in der richtigen Qualität, zur richtigen Zeit, am richtigen Ort, in der richtigen Menge sicherzustellen
A3	Methode zur Strukturierung der Problemlösung auf einem A3-Blatt
ABC-XYZ Analyse	Einteilung der Teile nach Teilepreis bei Einkaufsteilen oder Herstellkosten bei Eigenproduktion (ABC-Klassifizierung) und Verbrauch (XYZ Klassifizierung)
Andon	Methode aus dem Toyota-Produktionssystem zur sofortigen Visualisierung von Prozessproblemen, z.B. anhand einer Signallampe
AZ	Verfügbare Arbeitszeit der Prozesse
BZ	Bearbeitungszeit, oder auch Stückzeit, um ein Produkt zu bearbeiten
C-Teile	Materialien mit niedrigem Wert (wie Kleinteile, z.B. Schrauben, Muttern)
Durchlaufzeit	Zeit, die ein Teil braucht, um einen Prozess zu durchlaufen
ERP	Enterprise Ressource Planning, IT – System für die Planung und Steuerung der Waren- und Wertströme im Unternehmen
FIFO	First-In-First-Out, zuerst produziert bzw. eingelagerte Teile werden zuerst entnommen

Gemba	Japanisch, „der reale Ort". Im Lean-Kontext ist das der Ort, an dem die Wertschöpfung passiert
Handlings-schritte	Prozesse, wie Transportieren, Prüfen, Auspacken, Einlagern oder auch Umlagern, sind Handlingsschritte und Verschwendung
Handlings-stufen-Analyse	Die Handlingsstufen-Analyse stellt für einen Prozess die Handlingsschritte im Zusammenhang dar und hilft die Verschwendung zu sehen
Industrie 4.0	Einsatz von digitalen Technologien zur Produktivitätssteigerung in einem Industrieunternehmen, v.a. in der Produktion
Jidoka	Intelligente mechanische Lösungen zur Vermeidung von Fehlern, Weg zur vollständigen Automatisierung
JIS	Just-In-Sequence, externe Anlieferung in Sequenz
JIT	Just-In-Time, direkte Anlieferung zwischen Prozessen ohne Lager und Zwischenpuffer
Kaizen	Management-Ansatz zur ständigen Verbesserung
Kanban	Methoden für Pull-Steuerung, basierend auf einem Signal(=Kanban) zur Nachschubsteuerung
KPI	Key Performance Indikator, Messgröße für Schlüsselkennwerte im Unternehmen
KT, Kundentakt	Kundentakt, aus der Kundennachfrage abgeleiteter Prozesstakt
LG, Losgröße	Zusammenhängende Produktion oder Beschaffung von Teilen
Milkrun	Getaktete Routenzüge, um die Produktion in festgelegten Intervallen zu versorgen
MRP	Material-Requirement-Planning (oder auch Materialbedarfsplanung), Begriff für die Planung und Steuerung über Stücklistenauflösung und Lagerbestandsabgleich
MRPII	MRP inklusive Kapazitätsplanung
MTM	Methods-Time-Measurement, Methode zur Zeitbewertung anhand von Zeitbausteinen mit standardisierten und definierten Vorgaben
Muda	Japanischer Begriff für Verschwendung
OBC	Operator-Balance-Chart, Diagramm zur Visualisierung der Arbeitsverteilung
OEE	Overall-Equipment-Effectiveness, Methode zur Messung der Anlagen- oder Prozesseffektivität
Pareto-Regel	80-20-Regel bedeutet, 20% der Ursachen/Themen bewirken 80% der Probleme/Ergebnisse

PDCA	Ansatz aus dem Qualitätsmanagement zur kontinuierlichen Problemlösung in vier Phasen („Plan" – „Do" – „Check" – „Act")
Poka-Yoke	Methode zur Vermeidung von Fehlern durch technische oder organisatorische Maßnahmen am Prozess oder Produkt
PPS-System	Produktionsplanungs- und Steuerungssystem, Computerprogramm oder System, das die Produktion zentral nach der Push-Steuerung plant und steuert
Predictive Maintenance	Vorausschauende Instandhaltung, v.a. von Produktionsmaschinen, relevanter Use-Case beim Lernen aus Daten in der Fabrik von morgen
Pull	Dispositionsart mit definiertem Bestand, der nicht überschritten werden kann, immer durch den Kundenverbrauch ausgelöst
Push	Zentral geplante Disposition, unabhängig vom Maximal-Bestand und vom aktuellen Bedarf des nächsten Prozesses
REFA	Methode des Verbands Arbeitsgestaltung, Betriebsorganisation und Unternehmensentwicklung zur Zeitermittlung
RZ	Rüstzeit, Zeit, um eine Maschine oder einen Prozess zur Herstellung vorzubereiten
Sequenzierung	Sequenzierung ist die Reihenfolgeplanung der Aufträge
Shopfloor-Management	In kurzen täglichen Abstimmungen wird gemeinsam der Status der Produktion besprochen und wenn notwendig Maßnahmen festgelegt
SMED	Single-Minute-Exchange-of-Die, Methode zur Rüstzeitreduktion
Spaghetti-Diagramm	Grafische Darstellung der Wege in Arbeitsplätzen, die Darstellung der komplexen Wege ähnelt „Spaghettis"
Takt	Zeit, in der sich ein Prozess wiederholt
Verschwendung	übermäßiger Verbrauch oder die ineffiziente Verwendung von Ressourcen in Prozessen
Waste-Walk	Strukturierte Begehung der Produktion, um Verschwendungen zu identifizieren
Yield	Verhältnis der Gutteile zu den produzierten Teilen in %
Zoning	Anordnen von Materialien, Arbeitsmittel oder Lagerplätze nach Häufigkeit und Priorität
ZZ	Zykluszeit, Zeit zwischen Fertigstellung von zwei Produkten

1

Die 7 Arten der Verschwendung

Inhaltsverzeichnis

„**Verschwendung** (Substantivierung des althochdeutschen firswenden bzw. firswenten für „verschwinden lassen") bezeichnet den übermäßigen Verbrauch oder die ineffiziente Verwendung von Ressourcen. Verschwendung bezeichnet in Ökonomie oder Ökologie einen Vorgang, bei dem – meist begrenzte – Ressourcen unnötigerweise und nicht nutzbringend verbraucht werden." (Wikipedia 2020b).

1.1   Warum Verschwendung unterscheiden?

Wir haben am einfachen Beispiel unseres Baristas gesehen, dass der größte Teil eines Prozesses Verschwendung sein kann. Im Lean-Management hat sich etabliert, die Verschwendung in verschiedene Typen zu kategorisieren. Wir sprechen von „Arten" der Verschwendung. Das hilft, diese gezielter in den Prozessen zu finden, zu quantifizieren und zu eliminieren.

Die Verschwendung und die jeweilige konkrete Art dieser Verschwendung zu verstehen, ist im Lean-Management wie das 1 X 1 der Mathematik. Alles basiert darauf. Daher werden wir die 7 Arten der Verschwendung in diesem Kapitel etwas genauer unter die Lupe nehmen. Wenn du verstanden hast, was die 7 Arten der Verschwendung sind, kannst du mit Übung ein Auge und ein Gespür dafür entwickeln.

> **Die sieben Arten der Verschwendung**
>
> 1. Überproduktion
> 2. Bestände
> 3. Materialtransport
> 4. Wege
> 5. Warten
> 6. Unnötige Prozesse
> 7. Ausschuss und Nacharbeit

1.2   Verschwendung 1: Überproduktion

Überproduktion

Zu viel und zu früh

Du hast Freunde eingeladen und Spaghetti soll serviert werden. Damit auch jeder satt wird, kochst du gleich die große Packung. Es wurde dann doch mehr getrunken als gegessen und zwölf Portionen bleiben im Topf übrig. Diese Verschwendung durch Überproduktion ist besonders ungünstig, da sie automatisch weitere Verschwendung mit sich bringt. Die übriggebliebenen Spaghetti musst du nun in Vorratsdosen abfüllen, im Kühlschrank einlagern und dir merken, dass es diesen Vorrat gibt. Über die nächsten Tage kannst du noch fünf Portionen als Mikrowellen-Mittagessen nutzen, der Rest verdirbt und landet in der Mülltonne.

Es ist trotzdem Verschwendung

Immer wenn du etwas früher oder in größerer Menge produzierst, als es zu diesem Zeitpunkt gebraucht wird, ist es Überproduktion und somit Verschwendung.

Ist mehr zu produzieren also *immer* Verschwendung? Es rechnet sich doch schließlich nicht, wenn ich für jede Scheibe Brot drei Erdbeeren pflücke, diese schneide und dann eine Stunde mit Zucker aufkoche. Ist es nicht effizienter für eine Konfitüre gleich ein ganzes Glas zu produzieren, auch wenn das dann Überproduktion wäre?

Wenn du in einem Prozess Verschwendung entdeckst, ist es im ersten Schritt wichtig diese zu benennen. Es kann durchaus sein, dass dir zunächst keine Lösung in den Sinn kommt, um den Prozess schlanker zu gestalten. Aber die schonungslose Deklaration als Verschwendung soll anregen, methodisch andere Wege zu suchen und zu diskutieren.

1.3   Verschwendung 2: Bestände

Bestände

Das Lager gibt Sicherheitsgefühl

Du bist ein Eichhörnchen und legst dir in weiser Voraussicht einen Lagerbestand mit Nüssen an. So sicherst du dir die Kalorienzufuhr, auch wenn
der Lieferant „Haselstrauch" über den Winter nicht liefern wird.

Doch dieses Lager braucht Platz. Du musst die Nüsse vergraben und
dir merken, wo diese vergraben liegen. Beim Abruf der Ware musst du die
Lagerposition der Nuss zuerst wieder suchen. Und ist die Nahrung endlich
gefunden und ausgegraben, so stellst du fest, dass das teure Gut nun ranzig
oder ganz verfault ist.

Lager geben zwar ein beruhigendes Gefühl einer sicheren Versorgung,
aber sie verdecken viele Probleme. Hier zum Beispiel das Problem der
unstetigen und unsicheren Lieferung. Der „Haselstrauch" muss einfach
zuverlässiger liefern – da hat die Evolution noch etwas Arbeit vor sich!

Das Geld steckt nicht nur in der Ware!

Wenn Schrauben, Motoren oder Lebensmittel lagern, ist in der Ware Geld
gebunden, das man sinnvoller hätte nutzen können, als es liegen zu lassen.
Doch das gebundene Geld ist meist noch nicht einmal das Teuerste am Bestand.

Die Aufwände für den Bau und Betrieb des notwendigen Lagers darfst
du nicht unterschätzen: Du benötigst Regale, Paletten, Behälter. Es fahren
Gabelstapler umher und Computerprogramme verwalten Inhalt und Lagerplätze. Dazu kommt der Aufwand, um das Material zur richtigen Zeit ein-
und auszulagern. Leute müssen hierfür eingestellt und geschult werden.
Wir zählen das Material zur Inventur. Und da das ganze Spektakel nicht an

der frischen Luft stattfinden kann, brauchen wir eine Halle. Wir heizen im Winter und kühlen im Sommer. All das Drumherum macht die Lagerung weit teurer als man aufgrund des Inventarwertes vermuten würde.

Wir sehen immer wieder, dass man versucht die Lagerung zu automatisieren, um die Bestände in den Griff zu bekommen und die Kosten zu senken. Vollautomatische Lager sind die vermeintlichen Lösungen. Aber wir müssen auch hier wieder enttäuschen: auch automatisierte Verschwendung bleibt Verschwendung. Oft wird auch vergessen, dass das automatische Auslagern und Einlagern ein doch nicht zu unterschätzender Zeitaufwand sind.

Großer Lastwagen und launisches Wetter

In jedem Haushalt und jedem Betrieb lassen sich kleinere oder größere Lager finden. Das Restaurant Wetterhorn zum Beispiel lagert große Mengen Bier und Limonade im Keller. Schließlich kommt der Lastwagen nur einmal im Monat nach Hinterbach. Und der Durst der Wanderer ist schwer vorauszusehen. Bei Sonnenschein kommen sie zu Tausenden und trinken Fässer leer. Bei Regen kommt nur einer und trinkt einen Tee.

Große Liefereinheiten, Mindestbestellmengen, Mengenrabatte oder schwankender Kundenbedarf sind gute Gründe für Lagerbestände. Dennoch sind Lagerbestände aus Lean-Sicht immer Verschwendung! Ganz egal, ob es dafür vermeintlich gute Gründe gibt.

1.4   Verschwendung 3: Transport

Transport

Teiletourismus

Transport ist immer die Folge, wenn Prozessschritte räumlich voneinander entfernt sind – und Transport ist Verschwendung. Das lässt sich prima an der Produktion eines T-Shirts veranschaulichen. In den USA wird Baumwolle angebaut und geerntet, dann geht es mit dem Schiff mehrere Wochen nach China. Dort wird der Faden gesponnen und per Laster transportiert und ist wieder mehrere Tage unterwegs. Der Stoff wird gewoben und nochmals transportiert. Schließlich wird das T-Shirt genäht, verpackt und reist um den halben Globus nach Deutschland, wo es im Laden auf Käufer wartet. Wie das bei den anderen Verschwendungen auch der Fall war, gibt es immer einen Grund für die Verschwendung.

Ob ein paar Meter oder um die halbe Welt, beides ist Transport

Für die T-Shirt-Produktion mag es wirtschaftlich vorteilhaft sein, in Billiglohnländern zu produzieren. Die Transporte sind in diesem Prozess trotzdem Verschwendung.

Auch kurze Transporte müssen organisiert und koordiniert werden. Diese bringen Komplexität in den Prozess: Was soll transportiert werden? Von wo und wohin? Wer führt den Transport durch? Mit welchen Mitteln? Die Antwort darauf sind Behälter, Fahrzeuge, Fahrer, Begleitpapiere, Computer- und Trackingsysteme. Man braucht Kräne, Gabelstapler oder Personal, um die Ware zu beladen und entladen. Kurz: der Transport kostet Geld und die Ware für den Kunden wird dadurch im Normalfall nicht besser. Somit ein klarer Fall von Verschwendung.

1.5   Verschwendung 4: Wege

Wege

Auch kurze Wege führen zum Espresso

Erinnern wir uns an unseren Barista: Alle Wege und Bewegungen, die man durchführen muss, um die Wertschöpfung zu erzielen, sind Verschwendung. Denn auch notwendige Wege sind Verschwendung. Wege, die die Füße oder auch die Hände zurücklegen, um die Kaffeetasse zu greifen sind Verschwendung.

Wichtig für die Bewertung der Wege ist auch, wie oft am Tag du diesen Weg zurücklegen musst. Utensilien und Zutaten, die viel benutzt werden, zum Beispiel Kaffeetassen, wiegen hier natürlich mehr in der Verschwendungswaage als das Wasser oder die Nachfüllsäcke mit Kaffeebohnen, die seltener gebraucht werden.

Viele Wenige machen ein Viel

Denn letzten Endes macht auch Kleinvieh Mist, so sagt es der Volksmund. Und viele kleine Schritte ergeben auch einen Marathon, das sagen wir. Vom Schrank zur Kaffeemaschine sind es zwei Meter. Hin und zurück sind es dann vier Meter. Über den Tag verteilt, an dem ca. 300 Tassen Kaffee gebrüht werden, summiert sich das auf 1200 m. Und über einen Monat sprintet unser Barista dann tatsächlich einen satten Marathon. Wollen wir das noch übers Jahr ausrechnen? Macht über 400 km!

Was ist nun aufwendiger: Den Tassenschrank einen Meter nach rechts rücken oder von Frankfurt nach Hamburg zu wandern?

1.6 Verschwendung 5: Warten

Warten

Wenn es mal etwas länger dauert

Niemand wartet gerne. Oder wer wählt an der Supermarktkasse schon die längste Schlange aus?

Warten ist auch im Sinne von Lean unerwünscht und auch eine Art der Verschwendung. Ganze 25 s muss unser Barista warten, während der Kaffee in die Tasse fließt. Und der Kaffee wurde beim Zuschauen noch nicht einmal wirklich besser.

25 s ist ein kurzes Intervall, doch über die ca. 300 Espresso, die täglich zubereitet werden, summiert sich auch das auf mehrere Stunden. Und richtig erholsam ist das Warten auch nicht gewesen.

1.7 Verschwendung 6: Unnötige Prozesse

Unnötige Prozesse

Newsletter und verlorene Brillen

Der Alltag bietet viele Beispiele für unnötige Prozesse. Brille oder Schlüssel suchen. In der Küche Schranktüren aufmachen und wieder schließen. Sticker vom Apfel fummeln, im E-Mail-Account die tausend Newsletter löschen oder – auch immer wieder ein Spaß – Nadeln aus dem neuen Hemd klauben (um dann eine zu vergessen, auaaa!).

Meist haben wir uns derart gut an all diese unnötigen Prozesse gewöhnt, dass wir schon gar nicht mehr über deren Mühsal und Zeitverschwendung nachdenken. Und wenn wir uns doch mal darüber Gedanken machen, so ist die rettende Ausrede schnell zur Hand: „Das ist halt so! Da kann man nichts machen! Ich habe jetzt keine Zeit was zu ändern". Doch auch hier lohnt sich der Aufwand, um langfristig den Prozess zu verändern. Nimm dir deshalb kurz Zeit und bestelle diese unnötigen Werbe-Newsletter endlich ab!

1.8 Verschwendung 7: Ausschuss und Nacharbeit

Ausschuss und Nacharbeit

Gelingt nicht immer beim ersten Mal

Nicht immer gelingt es beim ersten Mal. Das Telefon hat geläutet, der Backofen ist vergessen und zum Schluss ist er zum Smoker-Grill mutiert. Unter Umständen lässt sich der Marmorgugelhupf mit einer zentimeterdicken Schokoladenglasur noch nachbearbeiten und retten. Wenn das Telefonat aber etwas zu lange gedauert hat und in der Backform mehr Kohle als Kuchen klebt, endet das Werk im Abfalleimer- und mit dem Kuchen sind auch Geld, Zeit und Schweiß verloren. Einen verkohlten Kuchen bemerkt man glücklicherweise. Fehlt der Zucker, fällt das erst beim Verzehr auf – und das vor versammelter Verwandtschaft! Wie peinlich!

1.9   Verschwendung sehen und verstehen

Ja, aber…

„Ja, aber das Lager ist doch notwendig!" oder „Es ist viel effizienter in großen Mengen zu produzieren!" geht es dir nun vielleicht durch den Kopf.

Wir sind uns bewusst, dass wir dich mit dieser kompromisslosen Kategorisierung von Verschwendung herausfordern. Trotzdem möchten wir dich ermuntern, die Verschwendung in deinem Prozess einfach einmal zu benennen. Auch wenn dir spontan keine Idee in den Sinn kommt, wie du die Bestände verkleinern, die Wartezeit reduzieren oder die Transportwege verkürzen könntest – jetzt gilt es erst einmal die Verschwendung transparent zu machen.

Wenn du dich traust, die Verschwendung zu benennen und bestehende Prozesse zu hinterfragen, wirst du anfangen, diese mit ganz anderen Augen zu sehen.

… manchmal muss man genau hinschauen …

Nicht alles, was nach Verschwendung aussieht, ist auch Verschwendung. Beim Wein, der im Keller lagert und durch den Reifeprozess wertvoller wird, ist das Lagern keine Verschwendung im Sinne von Beständen. Hier findet ja eine Wertschöpfung statt.

Manche Jobs, zum Beispiel Strandaufseher, bestehen *nur* aus „warten". Während sie so reglos dasitzen, beobachten sie das Wasser und spähen nach Ertrinkenden. Wenn das Produkt „sicheres Baden" heißt, ist diese Tätigkeit zwar wichtig, da dadurch die Sicherheit gewährt wird, aber dennoch Verschwendung im Sinne von Lean. Ein auf den ersten Blick notwendiger Prozess, z. B. Überwachen einer kritischen Anlage in der Produktion, ist Verschwendung. So sind Inspektionen immer Verschwendung, selbst wenn sie notwendig sind und mit Qualitätsgründen oder mit Sicherheitsaspekten argumentiert werden können.

1.10 Jetzt bist du dran

Schärfe deinen Blick für Verschwendung. Versuche beim Einkaufen im Supermarkt, beim Kochen zu Hause oder in deiner Firma Verschwendungen zu identifizieren. Und auch wenn ein Lager auf den ersten Blick als sinnvolle Maßnahme scheint, auch wenn Überproduktion total effizient wirkt – setze deine Lean-Brille auf. Benenne das einfach mal als Verschwendung, unabhängig von der Notwendigkeit.

Wenn du deinen Verschwendungssinn etwas trainiert hast, kannst du dich dann an die etwas komplexeren Produktionsprozesse in deiner Firma heranwagen. Beobachte und erkenne Verschwendung und halte deinen Kopf zunächst noch frei von Lösungsideen oder Verbesserungsmaßnahmen.

Mit einem einfachen Template kannst du die Verschwendung erfassen und dokumentieren. Gehe an den Ort, wo die Wertschöpfung passiert und identifiziere und klassifiziere Verschwendung. Diesen „Waste-Walk" solltest du im Team machen – gemeinsam sieht man mehr. Die Diskussion über Verschwendungen und Abschätzung, welchen Nutzen die Eliminierung von Verschwendung an einer bestimmten Stelle hätte, funktioniert gemeinsam besser. Die Diskussion über einen potenziellen Nutzen schärft das Bild, um später eventuell Prioritäten bei der Umsetzung festzulegen. Erste Verbesserungen können immer sofort umgesetzt werden. Ganz nach dem Grundsatz „Sensibilisieren – Sehen – Verändern". Notiere die möglichen Maßnahmen gemeinsam, z. B. auf einem Flip Chart – definiere *einen* Verantwortlichen und setze *einen* Termin.

2

Die 9 Prinzipien zur Eliminierung der Verschwendung

Inhaltsverzeichnis

Prinzip: von lat. *principium* = Anfang, Beginn, Ursprung, Grundsatz (Wikipedia 2020a).

2.1   Mit 9 Prinzipien zur idealen Produktion

Wenn du dir vorgenommen hast gesund zu leben, musst du dich an bestimmte Prinzipien halten. Solche Prinzipien könnten beispielsweise eine gesunde Ernährung oder regelmäßiger Sport sein. Ob du nun täglich Joggen

R. Hänggi et al., *LEAN Production – einfach und umfassend*, https://doi.org/10.1007/978-3-662-62702-0_2

gehst oder lieber mit dem Fahrrad zur Arbeit fährst – also die konkrete Methode oder Werkzeug – ist die konsequente Überlegung zur Umsetzung des Prinzips.

Auch eine verschwendungsfreie Produktion setzt die Einhaltung von Prinzipien voraus. Im folgenden Kapitel beschreiben wir neun Lean-Prinzipien, welche zu einer verschwendungsfreien Produktion führen.

Warum gerade diese 9 Prinzipien?

In der Lean-Literatur wird oft nicht zwischen „Prinzipien" und „Methoden" unterschieden. Viele unserer Projekte haben gezeigt, dass aber gerade eine Trennung von Prinzipien (Gestaltungsgrundsatz) und Methoden (Werkzeug, um Prinzipien umzusetzen) wichtig für das Verständnis und den Erfolg von Lean sind. Zuerst gilt es den Grundsatz zu verstehen— also das, was erreicht werden soll. Dann kannst du die richtige Methode zur Umsetzung wählen.

Aus unserer Erfahrung mit Lean-Veränderungsinitiativen haben wir neun Prinzipien ausgemacht, die für die Umsetzung von schlanken Prozessen wichtig sind.

2.2   Prinzip 1: Pull-Prinzip

Pull-Prinzip

Backen, wenn der Kunde kauft

Wann produzieren wir wie viel? Der Bäcker weiß nicht genau, wie viele Brötchen er morgen verkaufen wird. Er will natürlich nicht zu viele backen. Das wäre Überproduktion und Verschwendung. Aber auf der anderen Seite will er bis Ladenschluss auch keine Kunden verprellen. Um den Kundenbedarf möglichst genau zu treffen, hat er ein mathematisches Modell entwickelt, das ihm abhängig von Wetter, Wochentag und Jahreszeit genau sagt, wie viele Brötchen er für morgen backen muss. Da er immer mehr Brötchensorten im Sortiment hat, wird sein Modell zwar immer ausgetüftelter und komplizierter, aber trotzdem passiert immer wieder dasselbe: er hat den genauen Kundenbedarf nicht getroffen. Und … am Ende des Tages ist leider meistens eine Menge Brötchen im Müll gelandet und dennoch verließen einige Kunden die Bäckerei ohne Brot, da ihr Lieblingsbrot schon ausverkauft war.

Der Bäcker gibt sein mathematisches Modell genervt auf, das ihm vorgibt, wie viele Brötchen er in den Markt pusht. Von jetzt an arbeitet er nach dem Pull-Prinzip. Er folgt dazu lediglich einer einfachen Regel: „eine festgelegte Maximalmenge des Brötchenbestands darf nicht überschritten werden". Produzieren darf er also nur dann, wenn durch eine Entnahme (Pull), diese von ihm festgelegte Maximalmenge unterschritten wird. Er bekommt dieses Signal durch die leere Kiste im Verkaufsregal. Und der Regel entsprechend darf er jetzt auch wieder nur so viele Brötchen produzieren, dass diese Maximalgrenze nicht überschritten wird. Die definierte Grenze für den Bäcker ist die volle Kiste- und kein Brötchen mehr.

Zusammengefasst kann man sagen, dass sich das Pull-Prinzip nach dem aktuellen Kundenbedarf ausrichtet (vom Kunden her gedacht).

Ein einfaches Prinzip, das die Verschwendung „Überproduktion" in feste Grenzen verweist. Es gibt viele Methoden, um dieses Prinzip umzusetzen. Eine sehr bekannte, die der Bäcker verwendet hat und die wir im nächsten Kapitel vorstellen heißt „Kanban".

Für die Unterscheidung zwischen Push und Pull ist es, entgegen verbreiteter Meinung, nicht ausschlaggebend, ob man nur für einen Kundenauftrag produziert oder ohne Kundenauftrag auf Vorrat produziert. Auch ist es für das Pull-Prinzip nicht wesentlich, wie die Informationen übertragen werden (zentral, dezentral, digital oder in Papierform). Wichtig für das Pull-Prinzip ist nur, dass die festgelegte Maximalmenge nicht überschritten wird.

2.3   Prinzip 2: Fließ-Prinzip

Fließ-Prinzip

Dein Name in deiner Farbe

Tims neue Geschäftsidee „Dein Name in deiner Farbe" wird der Renner auf dem Wochenmarkt. Er hat alle Vorbereitungen getroffen und transportiert mit seinem neuen LKW die frisch produzierte Ware zum Markt.

„Kundenindividuell" ist sein Motto und dafür hat Tim die 30 häufigsten Namen recherchiert und die populärsten Farben ins Sortiment aufgenommen.

Das Problem: Mit der Auswahl der 30 häufigsten Namen kann er nur 20 % der Kundschaft bedienen. 80 % der Suchenden finden bei Tim keine passende Tasse mit ihrem Namen- und schon gar nicht in ihrer Lieblingsfarbe.

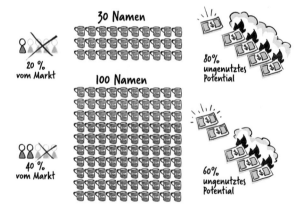

Tim analysiert die Situation und merkt, er hat einen Konflikt: Würde er sein Sortiment auf 100 verschiedene Namen erweitern, könnte er schon 40 % der Kundennamen abdecken und seinen Umsatz verdoppeln. Doch sein Lastwagen ist schon jetzt mit den Top-30-Namen bis an die Decke gefüllt. Für einen größeren LKW fehlt im Moment das nötige Kleingeld und einen Abstellplatz hätte er zu Hause auch nicht. Und Heinrich-Gustav, auf Platz 101, hätte dennoch keine Tasse.

Die Ursache für das Problem hat einen Namen: Losfertigung. Und die Lösung auch: Fließ-Prinzip.

Bei jedem Farbwechsel muss der Pinsel ausgewaschen werden und bei jedem Namen muss Tim den richtigen Stempel suchen. Das kostet Zeit und Geld. Alle Aufwände zum Vorbereiten der Produktion von einem Produkt auf das nächste verursachen Rüstkosten. Und deshalb produziert Tim immer mehrere Tassen der gleichen Sorte hintereinander also in sogenannten Losen.

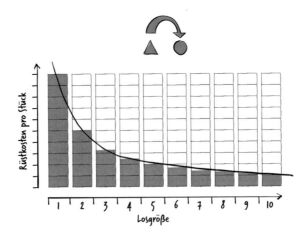

Den Zusammenhang zwischen Teilekosten und Losgröße ist einleuchtend. Wenn Tim die Rüstkosten der speziellen Variante auf mehrere Tassen verteilen kann, so sinken die Kosten pro Stück. Bei einer Losgröße von 1 (in der Lean-Sprache wird dann von „One-Piece-Flow" gesprochen) haben wir die höchsten Rüstkosten pro Tasse.

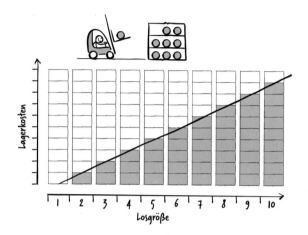

Doch die Produktion in Losen hat auch eine Kehrseite: Tim verursacht dadurch nämlich Überproduktion, denn er stellt seine Tassen früher und in einer größeren Menge her als der Kunde sie nachfragt. Und wo die Verschwendungs-Mutter Überproduktion ist, muss man ihre sechs Verschwendungs-Kinder nicht lange suchen: Bestände, Transport, Wege, Wartezeiten, Suchzeiten und der eine oder andere Sprung in der Tasse durch das Stapeln der vielen Tassen.

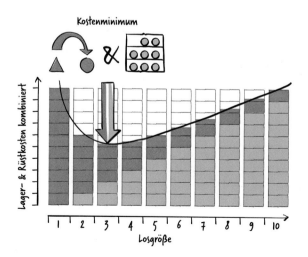

Wenn man sich nun die beiden Kostentreiber in Summe anschaut: die Rüstkosten und die Verschwendungskosten durch Lose, ergibt sich bei einer bestimmten Anzahl an Tassen theoretisch ein Kostenminimum. Doch auch mit dieser optimalen Losgröße braucht Tim immer noch Lager – und trotzdem stellt er nicht alle Kunden zufrieden. Das entspricht nicht unserer Lean-Philosophie – wir wollen ja schließlich *alle* Kunden zufriedenstellen, und dies idealerweise ohne Verschwendung.

Was kann Tim nun tun, um die Verschwendung zu eliminieren, aber trotzdem im Kostenoptimum zu bleiben und zu produzieren?

Tim hat (nur) einen Ausweg aus diesem Dilemma: Er muss an die Rüstkosten ran. Seine Vision: Wenn er es schafft, die Rüstkosten für ein Einzelexemplar auf 0 zu drücken, könnte er die Tassen durch die Produktionsmethode One-Piece-Flow auch wirtschaftlich herstellen.

Deshalb investiert Tim in den Mug Master 3000! Statt mit einem Stempel werden die Tassen per waschmaschinenfesten Plotter-Stift beschrieben. Und statt vier Farben stehen 3,2 Mio. verschiedene Farbtöne zur Auswahl. Die Rüstkosten, um von Anna in Orange auf Zoe in Violett umzustellen, sind praktisch null.

Tim braucht jetzt nur noch 100 weiße Tassen und für diese braucht er auch keinen Laster mehr. Kostengünstig, mit Velo und Anhänger, reist er nun an den Markt. Und jeder Kunde, auch wenn er Johann-Friedrich heißt, bekommt nun die Tasse mit exakt seinem Namen, in seiner allerliebsten Lieblingsfarbe.

Das Gegenteil von Produktion in Losen ist unser zweites Prinzip, das Fließ-Prinzip. Tim hat nun durch den Mug Master 3000 ein neues Fertigungskonzept nach diesem Prinzip realisiert. Er konnte sogar die radikalste Form des Fließ-Prinzips umsetzen: Die Produktion im „One-Piece-Flow".

2.4   Prinzip 3: Takt-Prinzip

Takt-Prinzip

Burger & Co.

Alle 30 s kommt ein Kunde zu Burger & Co. Der Grillmeister kann da prima mithalten. Der zweite Mitarbeiter benötigt jedoch für das Zusammenbauen 40 s, hinkt also bei jedem Burger 10 s hinterher. Die gebratenen Burger stauen sich daher vor dem zweiten Mitarbeiter auf und es entstehen Bestände und somit Verschwendung im Prozess. Der nachfolgende Verpacker langweilt sich, weil er pro Burger nur 20 s braucht. Und dieses Warten ist wiederum Verschwendung.

Du siehst, der Gesamtprozess ist nicht „ausgetaktet". Der Kunde kann nicht alle 30 s bedient werden und die Warteschlange wird länger und länger.

Inhalte gleich verteilen

Um das Taktprinzip umzusetzen, müssen sich alle Stationen am Kundentakt orientieren. Hier also 30 s. Wir werden deshalb Arbeit vom zweiten Mitarbeiter verschieben, um den Prozess auszubalancieren. Der Burgerbauer wird entlastet und der gelangweilte Verpacker wird nun zusätzlich das Ketchup auftragen und den Brotdeckel auflegen. Nun ist der Prozess ausgetaktet und jeder hat genau 30 s Arbeitsinhalt. Damit sind auch die Bestände, die Überproduktion und die Wartezeit beseitigt. Am Ende des Tages haben wir dank des Takt-Prinzips 25 % mehr Burger verkauft.

Nur wenn alle Prozesse einem einheitlichen Takt folgen, kann die Verschwendung beseitigt werden. Und wenn wir weder Bestände aufbauen noch den Kunden warten lassen wollen, entspricht der Takt dem Kundentakt. Das Taktprinzip richtet alle Arbeitsprozesse am Kundentakt aus. Somit wird ein Fluss zwischen den Arbeitsprozessen generiert.

Das Fluss- und Taktprinzip bilden eine logische Einheit. Takt bringt Fluss und Fluss vereinfacht den Takt. Darum werden in der Praxis das Taktprinzip und das Flussprinzip oft verwechselt.

2.5   Prinzip 4: 0-Fehler-Prinzip

0-Fehler-Prinzip

Die Fehlerkette unterbrechen

Du erinnerst dich an die Verschwendung „Ausschuss und Nacharbeit"? Wenn du diese aus deinen Prozessen bekommen willst, musst du die

Fehlerkette unterbrechen. Du darfst keine Fehler annehmen, keine Fehler machen und keinen Fehler weitergeben. Dieses 0-Fehler-Prinzip klingt zunächst logisch und einfach. Aber wenn du es ernsthaft umsetzen willst, erfordert es ein radikales Umdenken. Es ist doch einfacher ein paar Teile mehr zu bestellen – für den Fall der Fälle. Und wer hat denn in der operativen Hektik die Zeit den Ursprung des Fehlers zu analysieren, um ihn nachhaltig abzustellen?

Eine nachhaltige Fehlerkultur

Die Schwierigkeit besteht darin, dass in vielen Lebensbereichen und Köpfen bereits ein wenig effizienter Problemlösungsprozess fest verankert ist: Einen Schuldigen suchen und ihn für den Fehler zu bestrafen – Fehlervermeidung durch Abschreckung.

Für die nachhaltige Fehlerbehebung in Produktionsprozessen (und auch anderen Bereichen) ist eine solche Kultur aber problematisch. Der Fehler wird nicht eingestanden, verharmlost und vertuscht. Und das kann keine Basis für eine nachhaltige Fehlerbehebung sein. Du siehst, das 0-Fehler-Prinzip ist deswegen schwierig, weil es einen Kulturwandel erfordert.

0-Fehler ist auch eine Frage der Technik

Nicht weniger wichtig für das 0-Fehler-Prinzip sind technische Mittel, um einen Fehler zu detektieren. Die Technik muss helfen Fragen zu klären: Wann, wo, wie oft und unter welchen Bedingungen passiert der Fehler? Nur durch Einbeziehung von Zahlen, Daten und Fakten kann eine sinnvolle Lösung erarbeitet werden. Wenn du das 0-Fehler-Prinzip einführen willst, geht das daher nur durch eine Kombination aus technischen und organisatorischen Maßnahmen.

Schon bei Toyota, in den Lean-Ursprüngen, hatte die Umsetzung des 0-Fehler-Prinzips einen zentralen Stellenwert. Jidoka ist das oftmals vergessene und unterschätzte Lean-Prinzip aus dem Toyota-Produktionssystem. Im Ursprung-Konzept von Taiichi Ohno ist Jidoka, neben Just-in-Time, sogar eine von zwei zentralen Säulen des Produktionssystems. Ohno verstand unter Jidoka die Separierung menschlicher Arbeit von der Maschinenarbeit, um 0-Fehler zu erreichen. Das Prinzip besteht darin, die Maschinen mit einer Menschlichkeit bzw. Intelligenz auszustatten. Beispielsweise kann die Maschine auf einen Fehler reagieren, indem sie anhält, um die Folgen des Fehlers einzudämmen. Damit kann sofort eine Ursachenforschung angestoßen und der Fehler behoben werden.

In den Ursprüngen der 50er Jahre waren Jidoka-Lösungen intelligente mechanische Lösungen, zum Beispiel zum Abschalten von Anlagen im Fehlerfall. Der technische Fortschritt der letzten Jahre eröffnet dieser Idee durch „intelligente Automatisierung" völlig neue Möglichkeiten.

Schon damals hatte man bei Toyota erkannt, dass die Jidoka-Idee, die Kombination von Mensch und Maschine und das sofortige Reagieren bei Fehlern, den Weg zur (vollständigen) Automatisierung einleitet. Einige Beispiele: Der Spurassistent mahnt vor dem unbeabsichtigten Verlassen der Spur. Der Mindestabstand zum vorausfahrenden Fahrzeug wird unterschritten und der Fahrer wird gewarnt. Das Navigationssystem bittet freundlich zu wenden (wenn möglich), wenn wir eine Ausfahrt verpassen.

All das sind Mechanismen, um Fehler zu vermeiden, aber sie sind auch Schritte zum vollautomatisierten System. Also hier zum Beispiel dem fahrerlosen Fahrzeug.

Wir sehen, die Maschine muss für die Umsetzung des 0-Fehler-Prinzips intelligent werden und Fehler sofort erkennen. Dies ist Machine-Learning in Reinkultur.

Das 0-Fehler Prinzip gibt den Weg vor. Gerade in den Zeiten von Industrie 4.0 ist dies wichtiger denn je – Lean und Digitalisierung ergänzen sich. In einer 0-Fehler-Kultur führt die Digitalisierung zu den erwarteten Einsparungen.

Die vier Stufen der Intervention

Wir sehen vier Stufen in der Intelligenz der Maschine zur Unterstützung des 0-Fehler-Prinzips.

- Stufe 1: Die Maschine nimmt Daten auf, um eine spätere Fehleranalyse zu ermöglichen.
  Beispiel: Die Black-Box im Flugzeug.

- Stufe 2: Die Maschine warnt den Menschen, bevor ein Fehler entsteht. Beispiel: Kühlschrank piept, wenn er länger geöffnet bleibt.
- Stufe 3: Die Maschine hält an, wenn ein Fehler erkannt wird. Beispiel: Der Kopierer hält bei Papierstau an, bevor das verklemmte Blatt nicht mehr zu retten ist.
- Stufe 4: Maschine korrigiert den Fehler automatisch. Beispiel: das Gegenlenken des Spurassistenten im Fahrzeug.

0-Fehler-Kultur

Leider hat aber auch die beste Technik keinen Wert, wenn deine Organisation diese nicht richtig nutzt. Um es auf den Punkt zu bringen: Die Blackbox im Flugzeug hat keinen Nutzen, wenn Sie nach einem Unglücksfall nicht fachkundig analysiert wird und aus den Erkenntnissen die richtigen Schlüsse und Maßnahmen abgeleitet werden (Syed 2015).

Du musst also parallel eine Organisation schaffen, die eine neutrale Analyse des Fehlers garantiert. Dabei müssen alle Beteiligten in diesen Prozess integriert werden, ohne die direkt am Fehler involvierten Personen vor den Kopf zu stoßen.

Letztendlich heißt 0-Fehler-Prinzip nichts anderes als aus Fehlern zu lernen. Und man darf natürlich auch aus Fehlern der Anderen lernen- sich mit anderen Firmen vergleichen und austauschen ist daher wichtig für die 0-Fehler-Kultur.

2.6   Prinzip 5: Trennung von Verschwendung und Wertschöpfung

Trennung von Verschwendung und Wertschöpfung

Im Operationssaal gilt das „Chirurg-Krankenschwester" Prinzip

Bei einer komplizierten Operation kommt es auf jede Sekunde an. Wenn der Chirurg (Kundennutzen = Wertschöpfung) ein Skalpell braucht, wird er zum Glück hierfür nicht speziell ins Lager gehen müssen, um eines zu suchen. Ihm eines genau zum richtigen Zeitpunkt in die Hand zu geben, übernimmt der Assistent (Wege = Verschwendung). Hier sind die Prozesse Wertschöpfung und Verschwendung zum Glück getrennt. Aber auch in der Produktion ist es sinnvoll, zunächst die Trennung zwischen Verschwendung und Wertschöpfung durchzuführen. Und das gleich aus mehreren Gründen: du kannst die Verschwendung besser eliminieren, wenn sie nicht in mehreren Prozessschritten verstreut ist. So können zum Beispiel Materialtransporte (Verschwendung) deutlich effizienter durchgeführt werden, wenn sie in einer Route zusammengefasst werden.

Von der Wertschöpfungsseite aus gesehen (also hier zum Beispiel aus Sicht des Chirurgen) werden Fehler vermieden, die durch das Unterbrechen der wertschöpfenden Tätigkeit entstehen würden. Und auch deswegen: Trennung von Verschwendung und Wertschöpfung.

Abschließend ein weiteres, nicht weniger wichtiges Argument: Die Zeit für die Wertschöpfung wird kürzer, konstanter und planbarer, wenn sie nicht durch Verschwendung unterbrochen wird.

2.7   Prinzip 6: FIFO-Prinzip

FIFO-Prinzip

Wer zuerst kommt, mahlt zuerst

Eine Schale voller Äpfel ist ein Augenfang. Aber leider liegt es an der Bauweise dieser Schalen, dass der erste Apfel, der hier reingeschüttet wurde, für einen unbestimmten Zeitraum am Boden des Behälters bleibt. Es gilt wahrscheinlich das Prinzip FINO (First in – Never out). Das wäre sicher eine Quelle für Ausschuss und Suchzeiten nach fauligen Äpfeln (Verschwendung).

Dass das First in – First out oder kurz FIFO-Prinzip zu unseren Lean-Prinzipien gehört, hat nicht nur mit unkontrollierten Reifeprozessen und damit verbundenem Ausschuss zu tun. Konstante Durchlaufzeiten (Takt) und eine immer gleiche Entnahmestelle (Wege) sind nur durch die Einhaltung des FIFO-Prinzips möglich.

2.8   Prinzip 7: minimale Wege

Minimale Wege

Viele Wege führen zur Verschwendung

Es liegt wahrscheinlich in der Natur des Menschen den kürzesten Weg zu gehen. Leider ist es aber nicht in seiner Natur diesen zu bauen. Die Folge ist, dass aus unserer Erfahrung, die Verschwendung durch Wege, einer der größten Zeitfresser in vielen Prozessen ist.

Bei der Gestaltung der Prozesse gilt es für dich daher bewusst und eben „aus Prinzip" zu überlegen, wie du die Wege so kurz wie möglich halten kannst. Dies gilt für Laufwege aber auch für die Griffweiten und letztendlich für jede Bewegung. So ist das Badetuch neben der Wanne im Sinne der minimalen Wege sicher besser, und der Reinigungsaufwand im Badezimmer (unnötiger Prozess) nimmt auch noch ab. Doppelte Reduktion der Verschwendung.

2.9 Prinzip 8: Wertstrom-Orientierung

Wertstrom-orientierung

Alles hat seinen Wert

Die Wertstrom-Orientierung besteht darin, nicht nur einen isolierten Prozess, sondern die gesamte Verkettung der Prozesse zu betrachten.

Schauen wir uns zum Beispiel den Prozess der Müllentsorgung an. Hier wird es besonders deutlich. Für den einzelnen Prozess ist es sicher einfacher alles unsortiert zu entsorgen. Die Trennung des Mülls wäre aus der Sicht des einzelnen Prozesses so gesehen Verschwendung. Das Problem ist, dass die Trennung des Mülls zwei Prozessschritte weiter unverhältnismäßig aufwendiger ist. Daher ist es wichtig, bei jeder Veränderung auch die Wirkung auf das Ganze im Auge zu behalten.

Die Optimierung des Wertstroms erfolgt „Line Back" also vom Kunden zum Lieferanten. Dadurch nimmst du die Perspektive des Kunden ein.

Die Folge aller Prozesse von der Kundenbestellung bis zur Übergabe des bestellten Produkts an den Kunden ergibt den Wertstrom. Und wie unser Beispiel gezeigt hat, musst du die Veränderung der Prozesse und Beseitigung der Verschwendung im Gesamtkontext sehen, um deren Effekt zu beurteilen.

Bei der Betrachtung des Wertstroms ist neben dem physischen Materialfluss auch der dazugehörige Informationsfluss zu betrachten. So ist z. B. die Information bei der Müllentsorgung, wann und wo der Müll abgeholt wird, bei der Gestaltung des gesamten Müllentsorgungsprozess zentral. Sei es im Haushalt, aber auch in der Müllverbrennungsanlage, ist der Plan der Anlieferung und auch der Tagesmenge wichtig. Wenn in der Schweiz nur alle 12 Wochen die Schulkinder das Papier abholen kommen, solltest du vielleicht genug Platz dafür vorsehen.

2.10 Prinzip 9: Standardisierung

Standardisierung

Der Lean-Anker

Wir kennen das Problem aus dem Alltag. Wir suchen die Brille, weil wir sie ständig woanders ablegen oder vergessen, dass sie auf der Stirn hängt. Oder wir lagern in der Schublade fünf unterschiedliche Handy-Ladegeräte, weil der Stecker bei jedem neuen Gerät geändert wurde. Wir können unendlich viele Beispiele bringen, dass die Festlegung von Standards Verschwendung vermeiden kann. Dass wir es zu einem unserer neun Prinzipien erklären, soll die Wichtigkeit und den Stellenwert zur Implementierung von Lean-Management unterstreichen, den es aus unserer Sicht hat.

Bei der kontinuierlichen Verbesserung wirst du laufend Lösungen zur Beseitigung von Verschwendung entwickeln. Du wirst mit deinem Team, mit dem du die Verbesserungen umsetzt, viel Zeit und Energie investieren, bis die Lösungen für die spezifischen Eigenheiten deines Unternehmens und deiner Prozesse passen. Wir alle haben dann schon erlebt, dass die mit viel Kraft entwickelten Verbesserungen nach kurzer Zeit schon wieder in Vergessenheit geraten sind. Das macht es notwendig, die Optimierung in Form von Standards zu verankern. Standards können Trainings sein, Prozessbeschreibungen oder auch technische Hilfsmittel. Das Erarbeiten und Befolgen von Standards ist ein Kernelement für den Aufbau einer schlanken Organisation. Denn die Lösung immer wieder neu zu entwickeln wäre ein unnötiger Prozess, der die Verbesserungen bremsen würde.

Wichtig ist es, Standards so zu verankern, dass sie zur Fehlervermeidung und Arbeitserleichterung dienen und aufgefasst werden, und nicht als Gängelung oder nur als Kontrolle gesehen werden. Dieser Grat ist schmal! Standardisiere daher nur erprobte Lösungen, die im gesamten Anwenderkreis akzeptiert wurden.

2.11 Jetzt bist du dran

Wir haben nun die 9 Lean-Prinzipien dargestellt. Genau wie beim Identifizieren der Verschwendungsarten gilt auch hier, dass nur Übung den Meister ausmacht. Und die Übung kann man nicht mit Theorie kompensieren.

Auch hier kannst du in Alltagsprozessen, zum Beispiel beim Einkaufen oder auf Reisen, beobachten, welche Prinzipien eingehalten werden. Oder andersherum, wo führt die Abwesenheit der Prinzipien zu Verschwendung?

Befasse dich tagtäglich mit den 9 Lean-Prinzipien und du wirst besser verstehen, wie du die Verschwendung in den Prozessen angehen kannst.

Gehe nochmal einige Beispiele von Verschwendung in deinem Betrieb durch, die du bei der Übung „Verschwendungsanalyse" beobachtet hattest. Versuche nun zu erkennen, gegen welche der 9 Lean-Prinzipien verstoßen wurde. Die Antwort darauf ist gleichzeitig die Antwort auf die Frage: „Durch welche Prinzipien könnte die Verschwendung vermieden werden?".

3

Lean-Methoden zum Sehen der Verschwendung

Inhaltsverzeichnis

Das Problem zu erkennen ist wichtiger als die Lösung zu erkennen, denn die genaue Darstellung des Problems führt zur Lösung.
Albert Einstein

3.1   Vorsicht: Methoden!

Du weißt, welche Symptome auf Verschwendung hindeuten. Zum Beispiel, wenn Lager, Wege oder Wartezeiten im Spiel sind. Auch der Zusammenhang zwischen der Verschwendung und den Prinzipien sind dir jetzt klar geworden. Ohne Takt, Fluss oder Standards wird es immer Verschwendung

© Der/die Autor(en), exklusiv lizenziert durch Springer-Verlag GmbH, DE, ein Teil von
Springer Nature 2021
R. Hänggi et al., *LEAN Production – einfach und umfassend*,
https://doi.org/10.1007/978-3-662-62702-0_3

geben. Doch mit welchen Werkzeugen lassen sich nun verschwenderische Wege messen oder wie bringst du Takt in den Prozess?

Seit den Anfängen von Lean-Production haben Unternehmen und Denkfabriken eine Fülle von Lean-Methoden entwickelt, mit deren Hilfe du die Lean-Prinzipien umsetzen kannst. Die bekanntesten und bewährtesten werden wir dir auf den folgenden Seiten vorstellen.

Methoden sind hilfreich und wichtig für die erfolgreiche Umsetzung von Lean. Sie bringen Transparenz und Struktur in den Veränderungsprozess und helfen dir Verschwendung zu sehen und zu eliminieren. Ohne die systematische Anwendung von Methoden wird dir eine Optimierung nach den 9 Prinzipien kaum gelingen. Aber beim Einsatz von Methoden sind auch Vorsicht und ein kritischer Blick gefragt. Verstehe die hier beschriebenen Methoden deshalb mehr als Vorschlag, denn als strikte Anweisung. Wir möchten dir raten, sie nicht sklavisch abzuarbeiten. Passe sie für deinen individuellen Fall an, erst dadurch holst du ihren maximalen Nutzen heraus. Bleibe kreativ und flexibel bei der Suche nach der Verschwendung.

Diese Methoden stellen keinen vollständigen Werkzeugkasten dar. Schau nach links, schau nach rechts und finde deine eigene Inspiration für die Optimierung deiner Produktion. Auch ein simpler Standard-Report aus dem IT-System oder ein gutes Gespräch mit einem Werker können dir die Augen für Verschwendungen öffnen oder eine Lösung enthüllen.

Doch jetzt genug der Theorie und guten Ratschläge. Der Staubsaugerhersteller LeanClean AG braucht dringend deine Hilfe!

3.2   Willkommen bei der LeanClean AG

Die LeanClean AG braucht dich

Die LeanClean AG ist eine Staubsaugerfabrik. Ein Unternehmen mit großartigen Produkten und einer etwas angestaubten Fertigung, die über die letzten 30 Jahre organisch gewachsen ist. Pragmatisch hat man hier den Prozessablauf einer Produktionslinie verbessert und dort einmal einen Arbeitsplatz optimiert. Immer mit großem Einsatz, aber mit wenig System und Strategie. Nach dem Generationenwechsel weht frischer Wind in der Chefetage von LeanClean. Und das mit dem „Lean" im Namen möchte die Geschäftsleitung nun wirklich etwas ernster nehmen. Deshalb haben sie auch eine Stelle ausgeschrieben, um Lean in die LeanClean AG einzuführen. Eine Person wurde gesucht, welche den Lean-Spirit ins Unternehmen trägt, die Lean-Philosophie lebt, und die Produktion nach den schlanken Prinzipien umgestaltet.

Du hast dich beworben und siehe da, du hast gepunktet! Wir gratulieren, du bist eingestellt! Dürfen wir dir erst mal unsere großartigen Produkte vorstellen?

Die drei Produkte der LeanClean AG

Snake

Positionierung:	Billig-Linie
Menge:	150 000 Stück/Jahr
Farben:	■
Varianten:	Keine, nur ein Modell
Trends:	Hoher Kostendruck

Auf die spezifischen Kundenbedürfnisse ausgerichtet, produziert die LeanClean AG Staubsauger in drei Produktlinien. Das umsatzstärkste unter den LeanClean-Produkten ist das Einsteigermodell Snake, ein solider Standard-Staubsauger. Einfach in der Bedienung und vor allem mit einem sehr attraktiven Preis. Er ist nicht prestigeträchtig, füllt aber als Cash-Cow die Kasse der LeanClean AG.

Octopus

Positionierung:	Eierlegende-Wollmilchsau
Menge:	20 000 Stück/Jahr
Farben:	■ (bald mehr Farben!)
Varianten:	Zusatzfeatures in Planung
Trends:	Halbjährlich neue Modelle und Optionen

Der Octopus wurde als Alleskönner konzipiert. Außer Staubsaugen kann er zum Beispiel noch Hemden bügeln, Fenster wischen oder aufräumen. Eigentlich kann man mit diesem Staubsauger fast alles machen. Mit seinen fünf Saugprogrammen löst er jedes Schmutzproblem. Zurzeit ist der Octopus nur in Orange erhältlich, doch schon bald soll das Gerät in vielen weiteren Farbtönen die Kundschaft beglücken. Das alles hat natürlich seinen Preis, was die große Fangemeinde trotzdem nicht vom Kauf abschreckt. Um diese technologieverliebten Early-Adopters bei Laune zu halten, sind für nächstes Jahr weitere bahnbrechende Zusatzfunktionen geplant. Diese sind im Moment noch geheim. Im Kapitel "Sequenzierung" dürfen wir dir dann mehr verraten.

Elephant

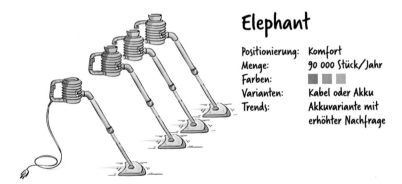

Positionierung:	Komfort
Menge:	90 000 Stück/Jahr
Farben:	■ ■ ■
Varianten:	Kabel oder Akku
Trends:	Akkuvariante mit erhöhter Nachfrage

Schließlich kommen wir zum Elephant, die neueste Innovation im Portfolio. Die Mitarbeiter der LeanClean produzieren ihn in drei Farben. Zudem gibt's das Gerät als Akku- sowie als Kabelvariante. Die Version in Orange mit Akku-Antrieb ist die umsatzstärkste Variante.

Der Elephant ist auf maximale Saugkraft bei minimalem Gewicht getrimmt. Er ist so leicht, dass du gar nicht mehr merkst, dass du einen Staubsauger in der Hand hast. Nutzer melden, beim Staubsaugen ein Gefühl der Schwerelosigkeit zu erleben. Sein Leichtgewicht verdankt das

Gerät der Black-Hole-Technology. Es ist ein Verfahren, welches das mühsame Wechseln von Staubbeuteln oder das eklige Ausleeren von Staubbehältern überflüssig macht. Der integrierte Black-Hole-Generator zieht den Staub einfach, wie in einem schwarzen Loch, an und reduziert diesen zu einem Nichts. Die Quantenphysik hinter diesem Verfahren ersparen wir dir. Schließlich wollen wir dir in diesem Buch nicht zeigen, wie der Staubsauger funktioniert, sondern wie man nach Lean-Prinzipien produziert.

Der Erfolg des Elephants übertrifft die kühnsten Prognosen: Die Verkaufszahlen sind seit Markteinführung von 50.000 im ersten auf 90.000 Stück im zweiten Jahr gestiegen. Orange ist der Renner und läuft mit im Schnitt knapp 200 Stück pro Tag am besten. Mit ca. 100 Stück pro Tag folgen die blauen und grünen Elephant.

Die Verdoppelung des Outputs war und ist für die Produktion eine große Herausforderung. Nun wurde das Meisterwerk auch noch vom Staubsauger-Verband zum „Vacuum-Cleaner of the Year" gekürt. Im „Household Gadget Magazine" hat er es dieses Jahr zum Testsieger geschafft. Und obendrauf wurde das Produkt mit dem begehrten „Infinity Design Award" ausgezeichnet.

Vacuum Cleaner
of the Year
(Staubsaugerverband)

Household Gadget Magazine:
Testsieger Kategorie
„Akku-Staubsauger"

Infinity Design Award
„Best Product"

Die Marketingabteilung und das Verkaufsteam segeln auf Wolke sieben, während die Produktion zum hohen Kostendruck auch mit den erhöhten Stückzahlen zu kämpfen hat. Während die Kunden die Performance des Gerätes loben, stellen die langen Lieferfristen und Verzögerungen die Käufer auf eine echte Geduldsprobe. Vielleicht hast du ja eine Idee, wie wir nicht nur auf der technischen, sondern auf der terminlichen Seite für Begeisterung sorgen?

Ein Rundgang durch die Produktion

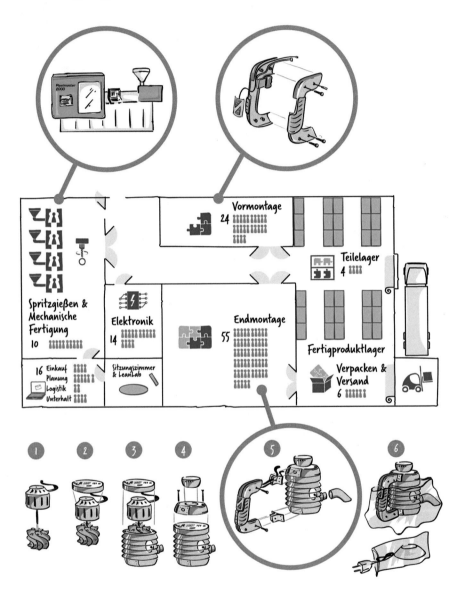

Ein Rundgang gibt dir einen ersten Einblick in die Produktionsprozesse der LeanClean AG. Leider musst du dein Handy jetzt abgeben, fotografieren ist verboten und auch sonst musst du das Geheimnis der Black-Hole-Technology für dich behalten. Im LeanClean-Produktionswerk werden die drei Staubsaugermodelle und ihre Einzelkomponenten hergestellt. In der Spritzgussabteilung mit vier Maschinen werden die Kunststoff-Formteile hergestellt. Die Elektronikabteilung liefert den Akku und die Steuerung dazu. In der Vormontage werden die Griffschalen und der Schalter zu einer Baugruppe montiert. Und schließlich finden alle intern produzierten Komponenten sowie dutzende Kaufteile ihren Weg in die Endmontage und werden dort in fünf Schritten zusammengeschraubt und anschließend für den Versand verpackt. Insgesamt arbeiten bei der LeanClean AG 220 Mitarbeiter, 129 davon sind in der Produktion tätig.

Drei Bereiche werden dich bei deiner zukünftigen Arbeit besonders viel Nerven kosten. In der Spritzgussabteilung warten vier Spritzgussmaschinen mit ihrer launischen Qualität und langen Rüstzeiten auf dich. In der Vormontage ist der Nachschub mit Teilen unzuverlässig und verzögert per Dominoeffekt den Ausliefertermin des ganzen Gerätes. Und in der Endmontage ist die Austaktung ziemlich aus dem Lot. Während der Werker von Schritt 5 in der Arbeit versinkt, ist der Werker von Schritt 2 so unterfordert, dass er noch reichlich Zeit hat, um vorzuproduzieren.

Was dir bei der LeanClean auch auffällt: Die produzierenden Bereiche sind vollgestellt mit hohen Türmen aus Kisten und Material. Es ist kein freier Quadratmeter mehr zu erspähen. Selbst das großzügig dimensionierte Lager ist bis zum letzten Palettenplatz gefüllt mit Rohmaterial, Spritzgussteilen und Baugruppen. Beim Anblick dieser Materialflut heulen bei dir im Kopf gleich die Verschwendungs-Sirenen los! Keine Sorge, du wirst bald Gelegenheit bekommen, das Problem an der Wurzel anzupacken.

Der Wettbewerb schläft nicht

Die Absatzzahlen des Elephants zeigen steil nach oben. Der Erfolg war aber nicht ganz gratis, denn die gesteigerten Marktanteile bezahlte die LeanClean AG mit schmerzhaften Preissenkungen. Die Entscheidung, den Elephant in drei, statt nur einer Farbe anzubieten, sorgt auf der Produktionsseite für erhöhte Kosten. Damit wurden die Margen gleich von zwei Fronten angegriffen und sind nun quasi eliminiert. Wo bleibt der Gewinn?

Eine weitere Steigerung der Stückzahl aufgrund des großen Markterfolgs des Elephants ist absehbar. Doch die Produktion ist mit den jetzigen Stückzahlen bereits am Anschlag. Investitionen in zusätzliche Hallen, Lagerplätze und Mitarbeiter sind aus finanziellen Gründen keine Option. Die Entwicklung der Black-Hole-Technologie und Features des Octopus hat Millionen verschlungen. Die Kriegskasse ist deshalb leer. Dieses Geld muss LeanClean wieder über die nächsten Jahre reinholen. Aber ohne Margen ist dies unmöglich.

Weitere Rauchwolken zeigen sich am Horizont. Der LeanClean Geschäftsführer hat anlässlich der Mitarbeiterorientierung in der letzten Woche erklärt, dass der asiatische Hauptkonkurrent ein Distributionslager in der Nähe eröffnet. Das verschafft diesem viel kürzere Lieferzeiten und greift die Pole-Position von LeanClean direkt an. Schnellere Lieferzeiten sind für die LeanClean AG deshalb überlebenswichtig.

Die Strategie in der Entwicklung heißt weitere Differenzierung. Aber die hohe Schlagzahl von immer neuen Varianten ist eine zusätzliche Herausforderung für die Produktion: Neue Stücklisten, Zeichnungen und Arbeitspläne prasseln schon fast täglich ein. Oft sind sie unvollständig und unausgereift aber die Kundenbestellungen sind schon im Haus. Augen zu und durch.

Wie soll es also weitergehen? Wie schaffen wir es die erhöhten Stückzahlen zu stemmen und wieder satte Margen zu verbuchen? Genau! LeanClean muss endlich den Blick auf die Verschwendung richten, um die glückliche Wende zu schaffen. Das Rezept heißt Lean und das Projekt liegt nun in deinen Händen. Dein Ziel ist es, der Verschwendung auf den Grund zu gehen und diese durch die Einführung von Lean-Prinzipien zu eliminieren. Natürlich wirst du das nicht allein stemmen. Das Projektteam der LeanClean AG wird dich tatkräftig unterstützen. Aber wo beginnt eure Mission? Wo sind die größten Potenziale? Wo müsst ihr als erstes angreifen?

Wenn du Verschwendung identifizieren willst, hat sich in der Praxis bewährt, sich zunächst auf ein Produkt oder eine Produktfamilie zu fokussieren und dann schrittweise weitere Produkte in die Optimierung einzubeziehen. Weil LeanClean beim Elephant vor den größten Herausforderungen steht, wirst du mit deinem Projektteam zunächst diese Produktfamilie näher betrachten. Aber bevor du mit der Analyse der Verschwendung loslegst, gönnen wir dir noch eine kurze Elephant-Produktschulung.

Die Innereien des Elephants

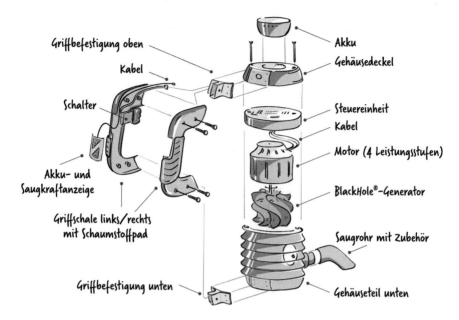

Unsere Reise starten wir mit der Entwicklungssicht auf den Elephant. Später ergänzen wir das Panorama mit der Sicht aus der Produktionsperspektive. Hier also der Elephant in explodierter Ansicht mit wunderschönem Blick auf den Black-Hole-Generator und die anderen Juwelen der Ingenieurskunst.

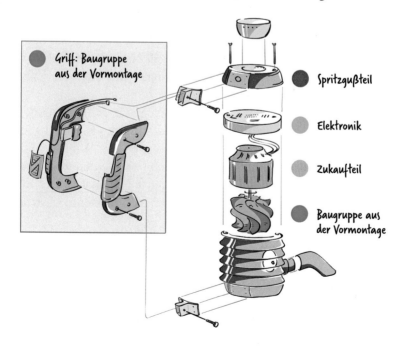

Der Griff und der Black-Hole-Generator werden in der Vormontage als Baugruppen zusammengestellt. Deckel und Gehäuse werden intern in der Spritzgussabteilung gefertigt. Die Steuerung und der Akku stammen aus der Elektronikabteilung und der Motor wird zugekauft. Jetzt hast du einen groben Überblick, welche Puzzleteile sich zu einem Elephant zusammenfügen. Dann können wir gleich mit der Leanifizierung der Fertigung beginnen!

3.3   Erst analysieren, dann agieren

Bevor der Chirurg einen Patienten aufschneidet und ein Hüftgelenk einsetzt ist erst einmal eine Analyse nötig. Es wird getastet, geröntgt und daraus eine Diagnose gestellt. Genauso wie für einen chirurgischen Eingriff muss der Optimierung einer Produktion stets eine Analyse der Ist-Situation vorausgehen.

Du wirst für die Veränderungen argumentieren müssen und die besten Argumente sind Zahlen, Daten und Fakten (ZDF). Dabei gilt, dass du idealerweise deine eigenen Daten erhebst. Weil der Grundsatz gilt „traue keiner Statistik, die du nicht selbst gefälscht hast". Egal ob Top-Manager oder Projektleiter: Eine Analyse lässt sich nicht vom Bürosessel aus erheben. Wenn du in Sachen Verschwendung mitreden willst, gilt: Geh hin und beobachte den Prozess in seiner ganzen Wirklichkeit vor Ort. Zähle die Teile, messe die Wege und stoppe die Zeiten. Diese Beobachtungen werden dir helfen, die nötige Detailtiefe und das Verständnis für den Prozess zu erlangen. Das heißt nicht, dass bestehende Kennzahlen oder standardisierte Berichte keine Rolle spielen. Ganz im Gegenteil: Nach deiner Recherche vor Ort können sie dir helfen, deine Beobachtungen mit weiteren Zahlen zu untermauern.

Aus der Fülle von Analysewerkzeugen haben wir acht Methoden ausgewählt, die sich in vielen unserer Projekte als hilfreich erwiesen haben und welche wir immer mit großer Überzeugung verwenden. Wir haben bei der Benennung der Methoden versucht den gängigsten Namen zu verwenden: Manchmal war das eine deutsche Bezeichnung, manchmal war es Englisch oder gar Japanisch. Mag also sein, dass du Methoden entdeckst, die dir unter einem anderen Namen bekannt sind.

	Über-Produktion	Bestände	Transport	Warten	Wege	Fehler/Nacharbeit	Unnötige Prozesse
Prozess-Map	✓	✓	✓	✓	✓	✓	✓
Wertstrom-Analyse	✓	✓	✓	✓	✓	✓	✓
OEE	✓			✓		✓	✓
Handlingsstufen-Analyse			✓				✓
Operator-Balance-Chart				✓	✓	✓	✓
Spaghetti-Diagramm	✓				✓		
Pareto-Chart						✓	
Bestandsanalyse		✓					

Jede Methode hat ihre eigene Flughöhe. Es gibt solche, welche dir helfen, den Gesamtprozess und die vorhandene Verschwendung als Ganzes zu sehen. Andere gehen mehr auf Details oder eine bestimmte Art der Verschwendung ein. Wir starten die Analyse des Elephants mit zwei Methoden, die das Ziel haben, den Produktionsprozess aus der Hubschrauberperspektive zu betrachten. „Prozess-Map" und „Wertstrom-Analyse". Anschließend gehen wir auf Methoden ein, die tiefere Details der Verschwendung ans Licht bringen.

3.4   Methode 1: Prozess-Map

Mit der Prozess-Map kannst du Prozesse aufnehmen und deren Ablauf über unterschiedliche Abteilungen visualisieren und nachvollziehen. Verschwendung wird sichtbar und transparent.

Die Prozess-Map der Elephant-Produktlinie

Also nehmen wir nun die Produktion des Elephants vertieft unter die Lupe. Es gilt, die Prozesse zur Herstellung im Detail zu verstehen. Dazu eignet sich die Methode Prozess-Map. Sie beschreibt durch eine grafische Prozessdarstellung, wie die einzelnen Schritte in den verschiedensten Abteilungen ablaufen. Diese Methode ist so etwas wie die Urmethode zur Verbesserung. Eine Prozessdarstellung, im Team erarbeitet, ist die Basis für das umfassende

Verständnis. Auf dieser Basis werden die Verschwendungen sehr einfach sichtbar.

Im Lean-Management gilt der Grundsatz: Keine Änderung ohne vernetztes Verstehen des Ist-Zustandes. Erinnerst du dich an das Recycling-Beispiel zum Prinzip Wertstrom-Orientierung? Viele Ursachen der Verschwendung wirst du bei einem verketteten Prozess erst erkennen, wenn du ihn als Ganzes analysierst und verstehst. Und genau darum dreht es sich bei der Methode Prozess-Map.

In einem bereichsübergreifenden Workshop hat dein neu eingesetztes Projektteam der LeanClean AG die Prozess-Map für die Herstellung des Schaltergriffs vom Spritzgießen der Griffschalen bis zum Verbau in der Endmontage aufgenommen. Nach einiger Diskussion und Abstimmung über den realen Ablauf des Prozesses ist das gemeinsame Ergebnis auf der großen Wand im Besprechungszimmer zu sehen.

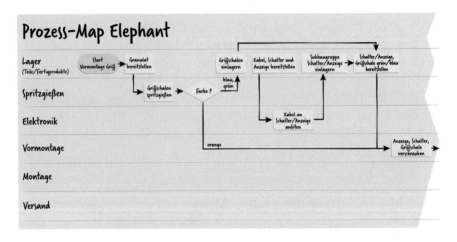

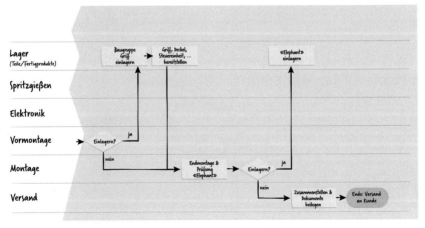

So läuft der Prozess für die Herstellung des Elephant-Griffs ab: Der erste Prozessschritt beginnt in der Logistik. Im Lager wird das Granulat für den Spritzgussprozess der Griffschalen bereitgestellt und in die Abteilung „Spritzgießen" transportiert. Dort werden die Griffschalen auf Basis eines Fertigungsauftrags produziert und anschließend, mit Ausnahme der häufig verbrauchten orangen Griffschalen, im Lager eingelagert.

Für die Elektronikabteilung werden Kabel, Schalter und die Anzeige ausgelagert und zur Sub-Baugruppe „Schalter mit Anzeige" montiert, die sogleich wieder im Lager landen, bis sie für die Vormontage der Griffe gebraucht werden.

Alle notwendigen Teile für die Montage des Griffs werden für einen Wochenauftrag zusammengestellt und an die Vormontage geliefert. Mitarbeiter montieren die Griffe, die dann entweder direkt an die Endmontage geliefert oder eingelagert werden.

Die Workshopteilnehmer gingen eigentlich davon aus, dass alle Griff-Baugruppen eingelagert werden. Denn auch wenn die Direktanlieferung für den Materialfluss sinnvoll wäre, gibt es schon länger die Vorgabe, dass jede montierte Baugruppe, zwecks ordentlicher finanzieller Buchung, zunächst ins Zentrallager muss. Erst die Diskussion hat aufgedeckt, dass es immer noch eine Direktanlieferung in die Montage gibt.

Der Griff und alle weiteren Teile (Deckel, Steuereinheit, …) für den Elephant werden, sofern sie nicht direkt aus der Vormontage angeliefert wurden, aus dem Lager in die Endmontage geliefert. Die Endmontage komplettiert mit diesen Teilen den Staubsauger. Verpackt und versandbereit werden diese wiederum eingelagert und warten dort auf den Lastwagen. Dies ist der übliche Prozess. Aber auch hier gibt es Ausnahmen. Wenn Produkte besonders spät dran sind, geht's von der Montage direkt zum Lastwagen, ohne Umweg über das Zentrallager.

Diskussion über Verschwendung auf Basis der Prozess-Map

Du hast mit deinem Projektteam nun das erste Etappenziel erreicht. Der Prozess ist aufgenommen, visualisiert und verstanden. Nun geht es gemeinsam an die Frage, wo Verschwendung im Prozess ist. Im ersten Workshop habt ihr vier Stellen identifiziert, an denen ihr besonders viel Verschwendung bemerkt habt. Diese Stellen habt ihr in der Prozess-Map mit Verschwendungsblitzen gekennzeichnet.

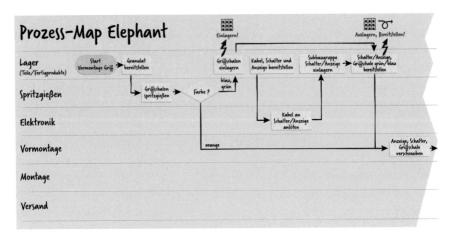

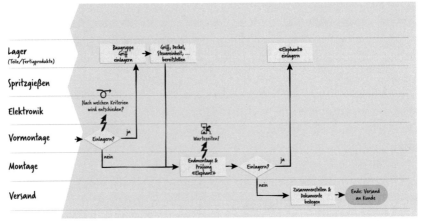

Das sind die Top 4 Verschwendungen des Prozesses:

1. Ein- und Auslagern der blauen und grünen Griffschalen: Diese Prozessschritte sind Verschwendung der Kategorie „unnötige Prozesse". Kann man den Griff nicht direkt in die Vormontage liefern und sich die Ein- und Auslagerung ersparen? Bei der orangenen Griffschale wird dies bereits gemacht.

2. Das Ein- und Auslagern der Schalterbaugruppe für die Vormontage ist Verschwendung. Auch hier stellt sich die Frage: Könnten die Teile nicht direkt von der Elektronik an die Vormontage geliefert werden, statt den Umweg über das Lager zu nehmen?

3. Es ist unklar, wann die fertigen Griffe direkt in die Montage oder in welchem Fall sie vorher ins Lager gehen. Diese Unterscheidung führt

entweder zu Problemen bei der Buchung oder zu Verschwendung durch zusätzliche Wege und Transport. So oder so ist der Prozess nicht standardisiert und die Kriterien für die Einlagerung unklar.

4. Die Wartezeiten in der Endmontage sind ein Problem, das die Teilnehmer gut kennen und im Workshop breit diskutiert haben. Sie haben diese Verschwendung dem Prozess „Endmontage" zugeordnet. Der Kunde beschwert sich immer wieder über Lieferverzögerungen, weil die Fertigstellung des Elephants an diesem Prozess hängt. Bei näherem Hinterfragen stellt sich heraus, dass der Mitarbeiter, der den Griff am Elephant montiert, überlastet ist und andere Mitarbeiter auf ihn warten müssen. Was hier genau zu Wartezeiten führt, erfordert jedoch einen tieferen Blick in den Prozess Endmontage. Die Methode „Operator-Balance-Chart" kann den genauen Grund für die im Prozess-Map-Workshop diskutierte und erkannte Wartezeit aufdecken. Du musst dich aber noch einige Seiten gedulden, um mehr über diese Methode zu erfahren.

Das Feedback aller Teilnehmer des Workshops war hervorragend. „Nach über 10 Jahren Firmenzugehörigkeit, habe ich den eigenen Prozess nie im Zusammenhang gesehen", waren typische Kommentare. Durch das gemeinsame Zeichnen der Prozess-Map wurde das gegenseitige Verständnis und die Bereitschaft zur Prozessverbesserung aufgebaut. Auch wurden schon viele Ideen für Verbesserungsmöglichkeiten gesammelt. Direktanlieferungen an die Bereiche, ohne Zwischenlagerung, werden vom Team als gute Möglichkeiten zur Vermeidung von Verschwendung gesehen.

Wissenswertes zur Prozess-Map

Am Anfang der Prozess-Map steht immer die Überlegung, welchen Prozess du analysierst, welche Abteilungen und Bereiche an dem Prozess beteiligt sind, sowie welcher Prozess genau untersucht wird. Es ist wichtig für das Ergebnis, dies vor dem Erstellen der Prozess-Map genau einzugrenzen. Wenn du erst bei der Aufnahme merkst, dass dies nicht geklärt ist, kann das viel Zeit kosten.

Die Methode Prozess-Map besteht aus zwei Schritten. Erstens wirst du den Prozess verstehen und aufzeichnen und ihn zweitens auf Verschwendung untersuchen. Der erste Schritt, den Prozess so darzustellen, wie er in der Realität abläuft, kann schwieriger sein als es klingt. Entweder, weil Prozess komplizierter als vermutet war oder weil es über dessen Ablauf unterschiedliche Ansichten gibt. So oder so, die Auseinandersetzung mit dem Prozess ist wichtig und sogar Teil der Methode. Deshalb ist es entscheidend, dass die Aufnahme der Prozess-Map nie von einer Einzelperson oder nur von Mitarbeitern eines einzelnen Bereiches erstellt wird, sondern immer bereichsübergreifend und im Team erfolgt. Die Erstellung des Ist-Zustandes in der Prozess-Map ist auch deshalb wichtig, weil hier schon die ersten Erkenntnisse über Verschwendung und mögliche Ideen zur Verbesserung entwickelt werden. Jede Meinung zählt! Nutze daher eine große Fläche zur Visualisierung, damit jeder die Aufnahme verstehen kann und einbezogen wird. So kannst du sicherstellen, dass alle Informationen und Sichtweisen in die Prozessaufnahme einfließen und alle vom Gleichen reden. Im zweiten Schritt wird eine Lösung erarbeitet, hinter der alle stehen.

Wie du am Beispiel der LeanClean AG siehst, ist die Methode inhaltlich recht simpel. Die Prozesse jeder Abteilung werden in der Prozess-Map jeweils in der entsprechenden Sequenz in eine Zeile eingetragen. Die so entstehende Darstellung wird wegen der Ähnlichkeit mit den Schwimmbahnen, auch Swimlane-Diagramm genannt. Der Prozesskasten und die Raute, die eine Fallunterscheidung darstellt, sind die gängigsten Symbole bei der Prozess-Map. Der Material- oder Informationsfluss von einem Prozess zum anderen wurde in unserem Beispiel als Pfeil dargestellt. Zur besseren Übersicht kannst du die Pfeile für Material- oder Informationsflüsse in unterschiedlichen Farben darstellen.

Der so aufgezeichnete Ist-Zustand ist eine ideale Basis, um mögliche Verschwendungen zu sehen und im Prozess aufzuzeigen. Wenn bereits während der Ist-Aufnahme ein Verschwendungspunkt ins Auge springt, darf dieser natürlich auch gleich mit einem Blitz markiert werden.

Nach der kompletten Ist-Aufnahme kann das Team mit der expliziten Frage nach Verschwendung den gesamten Prozess gedanklich nochmals durchgehen. Zunächst lohnt sich der Blick auf alle Stellen, an denen der Prozess die Swimlane und somit die Abteilung wechselt. Im Beispiel der LeanClean AG hatten wir an mehreren solchen Übergängen festgestellt, dass Teile transportiert werden mussten und dies zu Verschwendung führte. Es entstehen Ein- und Auslagerungsvorgänge an den Übergängen, die immer Verschwendung sind. Diese Stellen solltest du besonders kritisch beleuchten. Transport, Ein- und Auslagerung und Bestand, das alles ist Verschwendung. Prüfe im Team auch die Abfolge von Bearbeitungsprozessen in der gleichen Bahn. Auch hier kann sich Verschwendung verbergen. Wenn ein Prozess unterbrochen wird, entstehen dadurch oft Wartezeiten oder Pufferbestände.

Tipp

1. Lege den zu verändernden Prozess und die involvierte Organisation genau fest. Welchen Prozess wirst du aufnehmen? Welche Abteilungen sind involviert? Was klammerst du aus der Betrachtung aus? Diese Abgrenzung solltest du vor dem Workshop machen. Diskussionen darüber im Workshop können unnötig Zeit fressen, die dann für die Identifizierung von Verschwendung fehlt.
2. Involviere Vertreter aller betroffenen Abteilungen in die Analyse. Insbesondere die, die täglich mit dem Prozess arbeiten.
3. Stelle sicher, dass ein Moderator die Aufnahme und Diskussion lenkt. Diese Person muss neutral sein und sollte daher kein Mitarbeiter der involvierten Abteilungen sein.
4. Visualisiere die Prozess-Map in einem großen Format. Jeder im Raum muss sehen, worum es geht. Verwende z. B. Moderationskarten oder Post-its, um die Prozesse darzustellen. Farben helfen dir, die Prozess-Map noch übersichtlicher und transparenter zu gestalten.
5. Notiere Probleme durch die Verschwendungs-Blitze an den Stellen der Prozess-Map, an denen die Verschwendungen entstehen.
6. Diskutiere die Verschwendung und Schwachstellen des Prozesses immer im Team. Zeichne nie allein im Büro die Verschwendungs-Blitze ein. Die Themen werden nur getragen, wenn sie gemeinsam festgelegt wurden.
7. Nutze die Prozess-Map, um gemeinsam die Fokusthemen festzulegen, an denen gearbeitet werden muss und zur Kommunikation der Probleme im Prozess.

3.5 Methode 2: Wertstrom-Analyse

Mit der Wertstrom-Analyse kannst du den Produktionsprozess aus der Vogelperspektive darstellen. Entsprechend dem Wertstromorientierungs-Prinzip geht es darum, das große Ganze zu sehen und Transparenz über Material- und Informationsfluss von der Anlieferung des Rohteils bis zum Versand des Fertigprodukts zum Kunden zu schaffen (Rother und Shook 2009).

Der Wertstrom der Griffe des Elephants

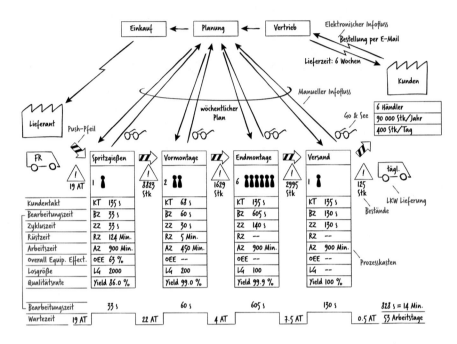

Wir schauen uns gemeinsam die Wertstrom-Aufnahme der Elephant-Linie an, die dein Projektteam erstellt hat. Die Darstellung wirkt auf den ersten Blick vielleicht etwas überladen. Doch sobald wir den Wertstrom einmal durchgegangen sind, werden die Logik und die Stärke der Methode schnell klar. Auf einer kompakten Übersicht sind alle Eckdaten des Prozesses zu sehen. Es wird dir dann auch leichtfallen, selbst einen Wertstrom aufzunehmen und hinsichtlich Verschwendung zu analysieren.

Nun werden wir die vier unterschiedlichen Bereiche des Wertstromes näher betrachten.

Der Kunde und der Lieferant

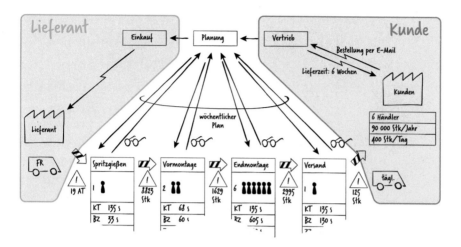

Legen wir los und starten rechts beim Fabriksymbol „Kunden". An dieser Stelle des Wertstroms erfährst du, wie viele Einheiten pro Jahr nachgefragt werden und wie die Bestellungen von den Kunden an das Produktionswerk gelangen. Im Datenkasten des Kunden siehst du zum Beispiel, dass pro Jahr 90.000 Einheiten des Elephants produziert und geliefert werden müssen. Das LKW-Symbol sagt dir, dass die Geräte in täglichen Lieferungen per Lastwagen das Werk Richtung Kunde verlassen.

Auf der anderen Seite, ganz links im Wertstrom, siehst du auch ein Fabriksymbol. In diesem Fall stellt es den Hersteller des Granulats dar, das im Wertstrom im ersten Prozess, Spritzgießen, verwendet wird. Der LKW liefert jeden Freitag wieder Granulat nach.

Der Infofluss

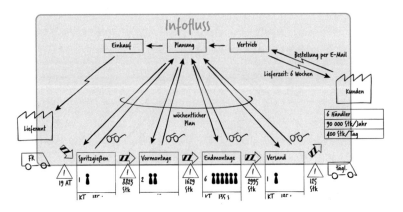

Bevor wir uns die einzelnen Produktionsprozesse und den dazugehörigen Materialfluss anschauen, betrachten wir den Informationsfluss. Dieser ist im oberen Teil des Wertstroms skizziert und beginnt mit der Bestellung der Elephants. Die Bestellungen der Großhändler werden zuerst vom Vertriebs- innendienst erfasst. Dem Kunden wird eine aus Erfahrungswerten geschätzte Standardlieferzeit von sechs Wochen kommuniziert.

Basierend auf aktuellen Bestellungen, Prognosen und aktuellen Beständen werden von der zentralen Planung Wochenpläne für jeden Prozess erstellt. Erinnerst du dich an das Push-Prinzip? Hier siehst du es in Reinstform.

Die Brillensymbole zeigen, wo es innerhalb der Planungswoche eine manuelle Nachsteuerung gibt: Aufgrund von ungeplanten Ereignissen wie Eilaufträgen, Krankenstand, Fehlteilen, Nacharbeiten oder Maschinen- ausfällen, kommt es regelmäßig zu Änderungen im Plan, auf die reagiert werden muss.

Die Produktionsabteilungen melden zum Wochenabschluss die Erfüllung der Aufträge an die zentrale Steuerung zurück. Das sieht man an den Pfeilen, die vom Prozess zurück zur Planung zeigen.

Der Materialfluss

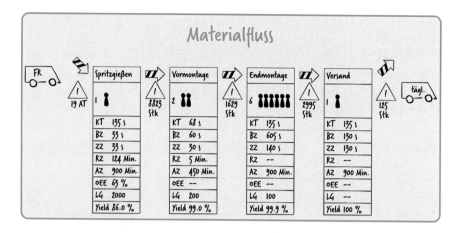

Der Materialfluss ist der zentrale Teil des Wertstroms. Wir werden ihn stromaufwärts, gefühlt rückwärts, vom Kunden bis zum Lieferanten durchgehen. Dadurch nimmst du die Perspektive des Kunden des beliefernden Prozesses ein und verstehst besser seine Anforderungen.

Der letzte Prozess in der Materialflusskette ist der Versand. Alle Geräte, die in der aktuellen und nächsten Woche versendet werden sollen, müssen bis dahin im Fertigwarenlager eingelagert worden sein. Zum Zeitpunkt der Aufnahme wurden in diesem Bestand 2995 Geräte des Typs Elephant gezählt.

Du erkennst am Warndreieck und den Push-Pfeilen, dass diese Bestände eben nach dem Push-Prinzip gesteuert werden.

Versand

Im Versand arbeitet anteilig ein Mitarbeiter pro Schicht für unser Produkt. Er stellt die Sendungen zusammen, druckt die Lieferpapiere und hilft beim Beladen der LKWs. Die Bearbeitungszeit (BZ) zum Versand beträgt pro Gerät im Schnitt 130 s.

Eine wichtige Kennzahl ist der Kundentakt (KT) von 135 s im Prozesskasten. Dieser leitet sich aus der durchschnittlichen Anzahl von 400 Stück pro Tag und der Arbeitszeit (AZ) ab. Diese Letztere beträgt hier 900 min pro Tag, wenn LeanClean in 2 Schichten arbeitet. Dabei sind alle Pausen abgezogen.

Nach diesem kleinen Exkurs zum Kundentakt gehen wir wieder zurück zur Analyse des Prozesses. Bevor die Sendung in den LKW geladen wird, kommt sie in einem Pufferbereich. Hier warteten zum Zeitpunkt der Wertstrom-Aufnahme 125 Geräte auf den LKW.

Endmontage

Der Versand wird von der Endmontage beliefert. Die Arbeitszeit (AZ) beträgt auch hier 900 Min pro Tag und dementsprechend ist auch der Kundentakt 135 s. Sechs Mitarbeiter sind hier in 2 Schichten beschäftigt und der Prozess liefert alle 140 s ein Gerät aus. Das ist die Zykluszeit (ZZ). Aber nicht alle Geräte sind auch in Ordnung. Die Qualitätsrate der Endmontage ist 99,9 % oder anders ausgedrückt: 90 Geräte landen jedes Jahr im Schrott. Um das Pensum von 400 Stück pro Tag zu schaffen, machen die Mitarbeiter der Endmontage oft Überstunden und arbeiten an einigen Samstagen. Die Endmontage des Elephants benötigt viele einzelne Teile. Wenn du den Informations- und Materialfluss von jedem einzelnen Teil im Wertstrom darstellst, wird der Wertstrom unübersichtlich. Du würdest den Wald vor lauter Material- und Informationsflusspfeilen nicht sehen und durch diese zusätzlichen Informationen dennoch kaum zusätzliche Erkenntnisse gewinnen. Um das zu vermeiden, ist es praktischer nur ein Teil oder eine Teilefamilie auszuwählen. Das sind Teile, die die gleichen Prozesse durchlaufen. In diesem Wertstrom wurde die Unterschale des schon bekannten Griffs ausgewählt. Die Erkenntnisse sind für alle Teile der gleichen Teilefamilie übertragbar. Also in diesem Fall für alle Spritzgussteile, die in der Vormontage zu einer Baugruppe montiert, welche dann im Gerät verbaut wird.

Vormontage

Gehen wir zum nächsten Prozess: Die Vormontage. Hier arbeiten zwei Mitarbeiter in einer Schicht, um alle 30 s (Zykluszeit ZZ) einen Griff zu montieren. Neben den Griffen produzieren sie auch noch weitere Komponenten für den Octopus und Snake. Die Abfrage des Lagerbestands an fertigen Griffen im EDV-System sagt 1124 Stück. Gezählt hat das Team vor Ort aber 1629. Es kommt wohl vor, dass die Mitarbeiter auch ein paar Griffe im Voraus, am System vorbei produzieren. Sie argumentieren: „Wir sind dadurch flexibler". Du siehst wie wichtig es ist, sich vor Ort ein Bild zu machen und durchaus selbst Bestände zu zählen, um solche Probleme überhaupt ans Licht zu bringen.

Spritzgießen

Die Griffschale wird in einer von vier Spritzgussmaschinen hergestellt. Die Maschine auf die Produktion von Griffschalen vorzubereiten dauert

124 min (Rüstzeit RZ). Nachdem die Anlage eingefahren und die Qualitätsrate stabil ist, schaut ein Mitarbeiter ab und zu nach dem Rechten und tauscht die vollen Gitterboxen gegen leere aus. Pro Auftrag wird immer eine Losgröße (LG) von 2000 Griffschalen hergestellt, in Gitterboxen gelegt und ins Zwischenlager transportiert. Hier befanden sich zum Zeitpunkt der Wertstrom-Aufnahme 8823 Griffschalen in den unterschiedlichen Farbvarianten des Elephant-Modells. 14 % der Griffunterschalen sind in der Regel beim Spritzgießen nicht zu gebrauchen und müssen entsorgt werden. Die Anlageneffektivität der Spritzgussmaschinen (OEE = Overall Equipment Effectiveness) liegt aktuell bei 63 %. Was das genau bedeutet, erfährst du im nächsten Kapitel. Die letzte Station im Materialfluss ist das Rohteillager. Der Bestand für das Granulat hatte zum Zeitpunkt der Wertstrom-Aufnahme über alle Farben und Modelle eine Reichweite von 19 Tagen.

Das waren jetzt viele Informationen, aber noch nicht alle.

Die Timeline

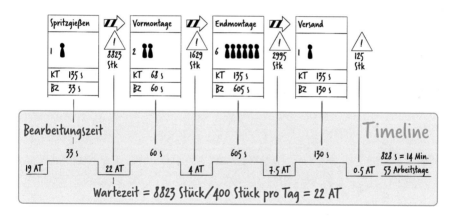

Im unteren Teil des Wertstroms bildet eine gestufte Linie die Timeline ab. Mit ihr kannst du die Durchlaufzeit für den Gesamtprozess abschätzen. In unserem Fall ist das die Zeit, die ein Granulat-Korn vor dem Spritzgießen im Durchschnitt braucht, bis es einmal den Wertstrom durchquert und als Bestandteil eines Elephant-Griffs im LKW zum Endkunden landet. Die Durchlaufzeit ist für Lean eine wichtige Kennzahl und ein Gradmaß für Verschwendung im Prozess.

Doch wie interpretierst du diese Timeline?

Oben sind die Durchlaufzeiten innerhalb des jeweiligen Prozesses aufgezeigt. Hier findet jeweils die Wertschöpfung statt. Solange keine parallelen Prozesse stattfinden und keine großen Bestände im Prozess angehäuft werden, kannst du die Durchlaufzeit des Prozesses mit der Bearbeitungszeit (BZ) abschätzen.

Unten sind die Liegezeiten aufgetragen. Es ist die Zeit, in der das Teil oder das Material zwischen Prozessen in Beständen, Puffern oder Lager stapelt, wartet und liegt. Hier verbirgt sich die Verschwendung. Der Bestand ist in Stück angegeben, doch wir wollen schließlich eine Durchlaufzeit ermitteln. Da jeder Prozess durchschnittlich den Bestand gemäß Kundennachfrage um 400 Teile pro Tag verbraucht, kann man mit dieser Annahme den Stück-Bestand in Tagen umrechnen. Wir setzen dabei voraus, dass das FIFO-Prinzip eingehalten wird. Mit dieser Formel kannst du auch einen Schätzwert für die Reichweite im jeweiligen Lager oder Puffer berechnen.

Zusammenfassend sind rechts der Timeline die Summen ausgewiesen. Oben beläuft sich das Total der wertschöpfenden Anteile auf 804 s, rund 13 min. Unten siehst du die Summe der verschwendeten Zeit. Ganze 53 Tage, fast zwei Monate sitzen die Teile unnötig in den Puffer und im Lager fest.

Verschwendungsblitze

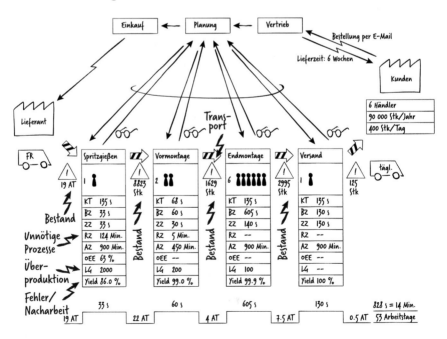

Zugegeben, es waren auf den letzten Seiten viele Zahlen, Daten und Fakten. Doch musst du die ganze Zahlensammlung nicht auswendig lernen. Dafür hast du ja die Wertstrom-Analyse, welche du bei Bedarf schnell konsultieren kannst. Auf einer Seite präsentiert sie dir alle Details und Zusammenhänge. Und nicht nur du verstehst nun die Verkettung und die Zusammenhänge im gesamten Prozess. Auch dein Team hat nun ein sehr detailliertes Bild über den Produktionsablauf des Elephants.

Kommen wir jetzt zum eigentlichen Zweck der Wertstrom-Aufnahme, das Sehen der Verschwendung im Prozess. Garantiert sind dir schon viele Stellen mit Verschwendung und fehlende Lean-Prinzipien im Wertstrom aufgefallen. Wir wollen nur einige Beispiele für Probleme in unserem Wertstrom aufzeigen, die zu Verschwendung führen.

Überproduktion

Sowohl beim Spritzgießen der Gehäuseteile als auch beim Vormontieren siehst du, dass überproduziert wurde. Es wird in Losen gefertigt. Dadurch fehlt das Flussprinzip und es wird mehr hergestellt als der nächste Prozess unmittelbar benötigt.

Taktung

Die Endmontage produziert alle 140 s einen Elephant. Der Kundentakt erfordert jedoch einen Staubsauger alle 135 s. Das erklärt die regelmäßigen Überstunden.

Bestände

An jedem Warndreieck siehst du Verschwendung durch Bestände zwischen den Prozessen. Du kannst am Wertstrom aber nicht nur erkennen *wie viel* Bestand in dem jeweiligen Puffer ist. Du kannst auch sehen, *warum* er sich dort angehäuft hat. Ein Hauptgrund ist die durchgehende Push-Steuerung aller Prozesse. Eine andere Ursache kannst du sehen, wenn große Lose im Spiel sind und das Fluss-Prinzip gestört wird. Deutlich wird das zum Beispiel bei der Spritzgussfertigung. Bestände an vormontierten Griffen lassen sich zum Teil auch durch die unterschiedlichen Schichtmodelle zwischen Vormontage (eine Schicht) und Endmontage (zwei Schichten) erklären. Und letztlich haben wir einen Bestand an Granulat, der mit der wöchentlichen Anlieferfrequenz zusammenhängt.

Transport
Transportiert wird praktisch zwischen jedem Prozess und jeder Transport ist Verschwendung. Die Einzeltransporte der fertigen Griffe mit dem Hubwagen ins Lager bergen besonders viel Verschwendung.

Fehler und Nacharbeit
Die Datenkästen der Prozesse zeigen den Anteil der Gutteile (Yield) in jedem Prozess auf. Ausschuss und Nacharbeit sind Verschwendung und das fehlende 0-Fehler-Prinzip ist sicher ein möglicher Grund. Gerade im Spritzgussprozess, mit nur 86 % guten Teilen scheint das Problem gravierend.

Und jetzt bist du dran …

Die Wertstrom-Analyse eignet sich, um dir und dem Team ein Gesamtbild zu vermitteln. Sie ist eine Methode, den Prozess aus der Vogelperspektive zu betrachten und hilft gemeinsam festzulegen, welche Stellen genauer untersucht werden sollten. Durch Kombination von Material- und Informationsfluss sowie die Darstellung der einzelnen Prozesse mit standardisierten Kennzahlen kannst du erkennen, wo sich Bestände anhäufen, wo der Materialfluss stockt, oder warum Wartezeiten entstehen.

Die Wertstrom-Analyse beginnt mit der Erstellung eines Bildes der gesamten Prozesskette, vom Wareneingang bis zum Versand, inklusive Informationsfluss. Nimm jeden einzelnen Prozessschritt unter die Lupe und notiere alle wesentlichen Daten, wie z. B. Bestände, Losgrößen, Zykluszeiten oder Wartezeiten. Nach der Go-and-See-Philosophie solltest du mit deinem Team selbst hingehen, selbst sehen, selbst zählen und auch die Zeiten selbst stoppen.

Die Wertstrom-Aufnahme des Elephants erfolgte mit definierten visuellen Symbolen die beispielsweise Prozesse, Bestände oder Transporte darstellen. Dadurch bleibt die Darstellung kompakt und jeder kann sich schnell und ohne große Erklärungen orientieren. Wir haben hier die gebräuchlichen Symbole verwendet. Fühl dich aber frei bei Bedarf zusätzlich eigene Symbole zu erfinden, wenn dir noch eines fehlen sollte. Wie wäre es mit einem Gabelstapler- oder Schifftransport-Icon? Stelle einfach sicher, dass du die neuen Symbole deinem Team erklärst. Nur so werden alle deine Bildsprache einheitlich interpretieren.

Nach der Wertstrom-Aufnahme und Identifizierung der Verschwendung beginnt natürlich erst die Arbeit. Du musst gemeinsam mit dem Team Maßnahmen und Methoden einsetzen, um die erkannte Verschwendung zu eliminieren.

> **Tipp**
>
> 1. Die Wertstrom-Aufnahme geschieht immer vor Ort und im Team. Go- to-Gemba (was so viel bedeutet wie „gehe an den Ort des Geschehens") und gemeinsam sehen ist das Motto! Zähle Bestände und stoppe die Zeiten im Team. Nutze IT-Daten lediglich zur Ergänzung.
> 2. Wähle zunächst ein „Renner-Produkt", wie unseren Elephant. Es geht bei der Wertstrom-Aufnahme nicht um die Aufnahme des Materialflusses *aller* Teile des Produkts. Suche idealerweise ein Teil des Produkts aus, das möglichst viele Prozesse durchläuft und eine gewisse Wertigkeit hat. Also nicht gerade eine Normschraube (es sei denn du bist ein Schraubenhersteller).
> 3. Lege das Teil gemeinsam im Team fest, um die Akzeptanz der Ergebnisse zu erhöhen.
> 4. Jeder im Team braucht ein Klemmbrett, eine Stoppuhr, Papier im A3-Format, einen Bleistift und ein Radiergummi. Nun kann die Wertstrom-Aufnahme starten.
> 5. Kommuniziere den Mitarbeitern in der Fertigung bereits vor deinem Besuch, dass du und dein Team auftauchen und einen Wertstrom aufnehmen werden. Erkläre, dass ihr damit den Prozess besser verstehen möchtet. Du würdest es ja auch seltsam finden, wenn sich eine Gruppe unangekündigt und schweigend um deinen Schreibtisch versammelt und beginnt Notizen zu machen.
> 6. Fange die Wertstrom-Aufnahme im Vertrieb an. Stelle Fragen zum Absatz, zur Schwankung und der Lieferperformance.
> 7. Gehe zum Warenausgang und arbeite dich von Prozess zu Prozess bis zum Wareneingang des Rohteils und Einkauf der Teile vor. An jedem Prozess musst du die wichtigsten Parameter zum Materialfluss aber auch zum Informationsfluss verstehen.
> 8. Das Wissen der Mitarbeiter vor Ort, die jeden Tag den Prozess erleben, ist der wichtigste Input für den Wertstrom. Niemand kennt den Prozess besser. Stelle den Mitarbeitern die richtigen Fragen und du wirst mit dem Analyseteam mehr herausbekommen als durch das Wälzen von IT-Daten.
> 9. Beobachte den Prozess möglichst über mehrere Wiederholungen des Produktionszyklus'.
> 10. Im Anschluss an die Wertstrom-Aufnahme ist es sinnvoll, die Ergebnisse zu konsolidieren und den Wertstrom auf ein größeres Format aufzuzeichnen, z. B. auf einer Pinnwand. Jetzt könnt ihr gemeinsam die beobachteten Verschwendungen diskutieren und diese mit „Blitzen" an der entsprechenden Stelle im Wertstrom markieren.
> 11. Von der Wertstrom-Analyse zum Wertstromdesign: Wenn du mit den Lean-Methoden vertraut geworden bist, kannst du auch anhand der Wertstrom-Methode einen idealen Soll-Zustand zeichnen. Wie würde der Elephant-Wertstrom der Zukunft aussehen?

3.6   Methode 3: OEE

Was ist eigentlich eine Messgröße, um die verschiedenen Verschwendungen zu sehen und sie direkt zur operativen Leistung der Firma in Verbindung zu setzten? Die OEE, oder auch Overall Equipment Effectiveness, ist diese Zahl. Sie misst die Auslastung, Leistung und Qualität des Prozesses.

Eine Frage der Zeit bei der Plastmaster 2000

Die LeanClean AG hat zur Fertigung der Kunststoffteile vier etwas in die Jahre gekommene Spritzgussmaschinen vom Typ **Plastmaster 2000** im Einsatz. Wir haben bei der Wertstrom-Analyse gesehen, dass die Overall Equipment Effectiveness (OEE) oder auch Gesamtanlageneffektivität im Prozess Spritzgießen bei 63 % liegt. Das lässt zunächst nichts Gutes vermuten. Hier zeigen wir dir nun im Detail, wie die OEE von 63 % berechnet wurde, was die wichtigen Treiber hinter der OEE-Kennzahl sind und wie du mithilfe der OEE Verschwendung im Prozess sehen kannst.

Hätte die **Plastmaster 2000** während der gesamten Soll-Laufzeit, im richtigen Takt gute Teile produziert, so hätte eine OEE von 100 % resultiert. Leider liegt ihre OEE zurzeit bei kümmerlichen 63 %, und das hat seine Gründe…

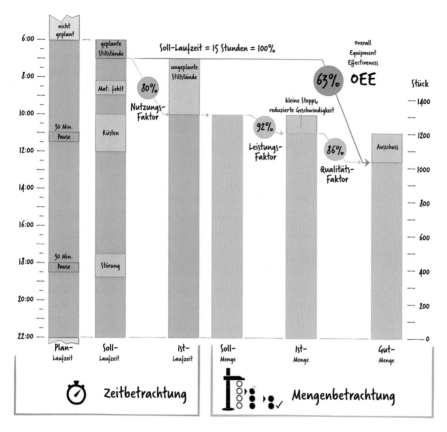

Soll-Laufzeit = Plan-Laufzeit – Pausen

Als erstes stellen wir fest, wie lange die Maschine überhaupt nach Plan laufen sollte. In zwei Schichten von 6.00 bis 22.00 Uhr sind es **16 h.** In dieser Zeit sind aber zwei **Pausen** von je 30 min vorgesehen. Die Summe der Pausen von 1 h sind **geplante Stillstände.** So resultiert eine **Soll-Laufzeit** von 15 h. Das ist die Basis für die OEE. Nun kommen die Verluste.

Ist-Laufzeit = Soll-Laufzeit – Ungeplante Stillstände

In der Soll-Laufzeit haben **ungeplante Stillstände** zu Zeitverlusten geführt. Übrig geblieben ist die **Ist-Laufzeit** der Maschine. Das ist jene Zeit, in der wirklich Teile produziert wurden. Welche Verluste schmälerten das Resultat? Einmal fehlte das Granulat, später musste die Maschine auf ein neues Produkt umgerüstet werden und am Abend hat noch eine Störung die Produktion vermiest. Insgesamt konnte die Maschine während 3 h nicht produzieren. Die **Ist-Laufzeit** reduziert sich somit auf **12 h.**

Hinweis: Du wirst auch OEE-Berechnungen finden, welche die Rüstzeit zu den geplanten Stillständen zählt. Im engeren Sinne ist der Stillstand beim Rüsten nicht „ungeplant". Da Rüsten jedoch Verschwendung ist, macht es aus unserer Sicht Sinn, diese auch zu den OEE Verlusten zu zählen. Es ist dann eine Motivation, um die Rüstzeit zu reduzieren.

Der Nutzungsfaktor = Ist-Laufzeit/Soll-Laufzeit

Du hast nur 12 h produziert. Es wäre dir aber möglich gewesen, während 15 h Teile zu produzieren. So ist der Nutzungsfaktor 12 h/15 h = 80 %.

Der Leistungsfaktor = Ist-Menge/Soll-Menge

Nun gehen wir von der Zeitbetrachtung in die Mengenbetrachtung über. Mit einer Zykluszeit von 33 s hätte die Maschine während der übrigen 12 h 1309 Teile ausspucken können. Gezählt wurden an diesem Tag aber nur 1203 Stück. Der **Leistungsfaktor** errechnet sich aus dem Verhältnis von **Ist-Menge** zu theoretisch möglicher **Soll-Menge** – 1203 Stück/1309 Stück = 92 %.

Der Leistungsfaktor zeigt dir, wie nah du an einem idealen Output gearbeitet hast. Man kann sagen, dass die Zykluszeit ein Maximum darstellt aber in der Praxis immer Unvorhergesehenes passieren kann, das nicht immer im Detail erfasst wird. Es kann sein, dass die Maschine beim Anfahren nach den Störungen langsamer lief. Es kann sein, dass es kurze Stillstände gab, die nicht erfasst wurden. Der Leistungsfaktor sagt dir über den Mengenverlust, dass es Probleme und Verschwendung gab.

Qualitätsfaktor = Gut-Menge/Ist-Menge

Nun untersuchen wir als letzten Schritt der OEE, ob die produzierten Griffschalen auch brauchbar waren. Wie viele Teile müssen nachgearbeitet werden oder sind sogar Ausschuss? Von 1203 Stück mussten wir 168 fehlerhafte Teile aussortieren und nur 1035 Stück waren in Ordnung. So ergibt sich ein **Qualitätsfaktor** von **Gut-Menge** im Verhältnis zur produzierten, tatsächlichen **Ist-Menge**. Also 1035 Stück/1203 Stück = 86 %. An diesem Verhältnis kannst du die Verschwendung durch Fehler und Nacharbeit sehen.

OEE = Nutzungsfaktor * Leistungsfaktor* Qualitätsfaktor

Für die Gesamtbetrachtung der OEE multiplizieren wir nun die drei Kennzahlen und erhalten daraus den OEE-Wert der Plastmaster 2000:

OEE = 80 % * 92 % * 86 % = 63 %

Man kann die OEE als den Wertschöpfungsanteil der Maschinenzeit interpretieren. In nur 63 % der geplanten Produktionszeit hat die Maschine gute Teile produziert. Aber die andere Seite der Medaille bedeutet, dass 37 % oder gut ein Drittel der Zeit verschwendet war. In der LeanClean AG hat die aktuell gemessene OEE zu großem Erstaunen geführt. „Wie kann das sein? Unsere Anlagen laufen doch rund um die Uhr!". Die transparente Erhebung der OEE hat die Augen für Verschwendung geöffnet und die eine oder andere Spur gelegt, wie du diese bei der Plastmaster 2000 vermeiden kannst.

Vorsicht beim OEE-Vergleich

Die OEE ist eine mächtige Kennzahl, mit der du die Effektivität einer Anlage oder eines Prozesses auf eine einzige Zahl verdichtest. Das gibt dir schnell einen Überblick über die Effektivität von verschiedenen Anlagen, Bereichen und oder ganzen Werken. Der Vergleich der OEEs verschiedener Maschinen und Anlagen ist aber gefährlich. Denn die OEE hängt immer spezifisch mit dem Prozess, dem Produkt und dem Kundenbedarf zusammen. Läuft eine Maschine über Wochen mit dem gleichen Produkt ist die OEE, bei sonst gleichen Bedingungen, wesentlich höher als die OEE einer Maschine die zehn Mal in der Woche umgerüstet wird. Du musst auch beachten, dass bei komplexen Produkten mit geringen Toleranzen und hohen Qualitätsanforderungen der Rüstaufwand höher sein kann.

Viel aussagekräftiger als Vergleiche zwischen verschiedenen Maschinen ist daher die Beobachtung des Trends der OEE auf der gleichen Maschine über mehrere Wochen und Monate. Bei deinen Bemühungen zu mehr Effektivität meldet dir die OEE, ob du an den richtigen Themen dran bist und mit deinen Maßnahmen erfolgreich bist. Und das kannst du nur sein, wenn du den Ursachen auf den Grund gehst.

Also nicht OEEs verschiedener Produkte vergleichen, sondern die drei Verlustfaktoren diskutieren. Dies gilt sowohl für den Maschinenbediener als auch für den Produktionsleiter.

Von der automatischen OEE zur Smart-Factory

	Use Case OEE	Use Case Predictive Maintenance	Use Case Qualität
Extruderposition			●
Einspritzdruck			●
Gewicht des Teils			●
Nachdruckzeit			●
Temperatur		●	●
Feuchtigkeit		●	●
Werkzeugverschleiß		●	●
Materialeigenschaften		●	●
Maschinenlaufzeiten	●	●	●
Produzierte Menge	●	●	●
Gutteile	●		●
Maschinenstillstände	●		

Use-Case 1: automatische OEE-Aufnahme

Die OEE von Hand zu ermitteln und zu analysieren ist aufwendig, kann aber am Anfang dennoch sinnvoll sein. Um die OEE jedoch stetig und ohne großen Aufwand zu messen, bieten viele Maschinen die Option, die OEE-relevanten Daten auszulesen und automatisch zu verarbeiten. Ebenfalls gibt es am Markt verschiedene Softwaretools, die dir helfen die OEE automatisch zu messen. Neben Maschinendaten sind zur automatischen Ermittlung der OEE Daten aus anderen IT-Systemen, wie z. B. die Soll-Zykluszeit, notwendig. Daher werden bei der Überlegung des automatischen Messens der OEE auch Datenprobleme der bestehenden Systeme auf den Tisch kommen, z. B. weil die Vorgabe – Zeiten nicht stimmen und dies vielleicht schon seit Jahren. Hier gilt die Devise – erhöhe erst die Datenqualität, und dann kommst du auch mit der automatischen OEE-Messung weiter.

Die automatische Erfassung der OEE erspart viel Aufwand. Aber es ist nur ein erster Schritt, denn selbst wenn es gelingt die OEE als Zahl automatisch zu ermitteln, kann der Grund des Anlagenstillstands oder des Ausschusses immer noch verborgen bleiben. Erst wenn du es schaffst eine Verbindung zwischen Zeitpunkt und Dauer des Maschinenstillstands mit dem Grund für den Stillstand zu verknüpfen, kannst du anhand der Daten den Verlust richtig interpretieren und die nötigen Maßnahmen ableiten. Aber auch hier kannst du weiterdenken und eine direkte Verknüpfung von Kontext und Daten automatisch herstellen. Dazu musst du die Maschinensignale genau verstehen, die Fehlercodes kategorisieren und den richtigen Maschinensignalen zuordnen. Das automatische Erfassen der Gründe für die Stillstände, z. B. durch das Aufzeichnen von Fehlercodes der Maschine, trägt zur Ermittlung und Quantifizierung der Ursachen der Verschwendung und Verbesserungen der OEE bei.

Auf der Grundlage des Start-Use-Cases „Messen der OEE" kannst du durch Einbeziehen weiterer Daten komplexere Use-Cases aufbauen, die wiederum zusätzliche Möglichkeiten schaffen Verschwendung zu vermeiden. Das ist ein erster Schritt auf dem Weg zu Industrie 4.0. Das Lernen aus Maschinendaten ist hier ein zentraler Baustein. Zwei Beispiele:

Use-Case 2: Predictive Maintenance
Wenn du es schaffst den Verschleiß von Werkzeugen vorherzusagen, könntest du auch den notwendigen Werkzeugwechsel und Instandhaltungsstrategien der Werkzeuge verbessern. Die Werkzeuge würden zu geplanten Intervallen getauscht und gewartet werden und nicht ungeplant im Produktionsprozess ausfallen. Das würde auch deiner OEE zugutekommen. Hierzu musst du den Use-Case „automatische OEE" um zusätzlich Größen wie Verschleiß, Temperatur, Feuchtigkeit und Materialeigenschaften des Werkzeugs erweitern. Über die Zeit würdest du erkennen, wie die Größen zusammenhängen und ein Vorhersagemodell für den Werkzeugverschleiß entwickeln.

Use-Case 3: Qualität
Die Qualitätsrate ist ein wichtiger Faktor der OEE. Die Qualität der Teile bei der Plastmaster 2000 hängt von vielen Einstellparametern ab. Spritzgießen ist ein äußerst komplexer Prozess und das Verstellen jeder Stellschraube und jedem Maschinenparameter kann nicht vorhersehbare Folgen

für die Teilequalität haben. Undokumentierte Erfahrungswerte sind keine zuverlässigen Ratgeber. Wenn du zum Use-Case „Predictive Maintenance" zusätzlich Daten der Maschineneinstellung aufnimmst, kannst du mit der Zeit auch den Zusammenhang zwischen der Teilequalität und den Einstellparametern erkennen und die Maschine immer optimal einstellen.

Wenn du die automatische OEE-Aufnahme als einen ersten Schritt zur digitalen Fabrik siehst, kannst du dich von einer Verbesserung zur anderen hangeln. Du kannst die notwendige IT-Infrastruktur Schritt für Schritt für jeden Use-Case aufbauen. Statt einer großen Investition finanziert ein Use-Cases den nächsten. So rechnet sich die Digitalisierung.

> **Tipp**
> 1. Die Zeiten und Ausfälle für die OEE Berechnung von Hand aufschreiben ist aufwendig und fehlerbehaftet. Daher ist eine IT-Anbindung der Maschinen und automatische Lösung zur Erfassung der OEE sinnvoll. Es existieren verschiedenste Softwarelösungen, die hier helfen. Nutze diese Möglichkeiten. Das geht nicht über Nacht, denn die technischen Herausforderungen sind oft grösser als gedacht. Darum gehe schrittweise vor. Beginne bei einer Maschine, lerne daraus und rolle das Konzept dann auf weitere Maschinen aus.
> 2. Kategorisiere den Störungsgrund der Anlage. Die Zeiten für Ausfälle helfen dir nicht weiter, wenn du den Störungsgrund nicht aufgenommen hast.
> 3. Die OEE hängt auch von Stammdaten ab. Bereinige diese zuerst. Dann stimmen auch die OEE-Auswertungen.
> 4. Lege das Ziel der OEE für jede Maschine fallbezogen fest. OEE soll nicht zum Wettbewerb im Sinne „wer hat die beste OEE?" werden.

3.7   Methode 4: Handlingsstufen-Analyse

Die reine Wertschöpfung ist verbunden mit vielen Prozessen, wie Transportieren, Prüfen, Auspacken, Einlagern oder auch Umlagern. Das alles sind Handlingsschritte und Verschwendung. Die Handlingsstufen-Analyse stellt für einen Prozess diese Handlingsschritte im Zusammenhang dar und hilft die Verschwendung zu sehen.

MuDa im Motor

Bevor dein Lean-Projekt ins Leben gerufen wurde, war ein gross angelegtes IT-Projekt namens MuDa (Monitoring und Datensammlung) in der LeanClean AG geplant. Die Geschäftsführung wollte mit MuDa Transparenz über alle Prozesse der LeanClean AG schaffen. Für die Vision einer zentralen Nachverfolgung aller Handlingsschritte war die Geschäftsführung bereit, ein 200.000 € Budget zu investieren. Durch Scanner-Lösungen sollte zusätzlich eine lückenlose Überwachung aller Prozesse hergestellt werden, um bei Abweichungen gegenzusteuern. Die Umsetzung sollte mit einem Pilotprojekt starten, das zunächst den gesamten Materialfluss vom Wareneingang bis zur Bereitstellung der Ware in der Montage überwacht. Der zusätzliche Aufwand für das Scannen verursacht zudem laufende Kosten, die über alle Abteilungen geschätzt einen zusätzlichen Mitarbeiter erfordern würde.

Nach den ersten Lean-Analysen hat ein Umdenken stattgefunden. „Don't digitize your mess" heißt nun die Devise. Schließlich soll nicht die ganze Verschwendung teuer digitalisiert werden! Zweifel kamen auf, ob MuDa der richtige Ansatz sei. Es wurde daher beschlossen, zuerst alle Prozesse durch die Lean-Brille zu analysieren und zu klären, ob durch das viele Scannen gar noch mehr Verschwendung entstehen würde.

Mithilfe der Methode „Handlingsstufen-Analyse" wirst du mit dem Analyseteam hier Licht ins Dunkel bringen. Dein Fokus ist der Prozess von der Anlieferung der Teile im Wareneingang bis zur Bereitstellung der Teile in der Endmontage. Wie in der Wertstrom-Analyse schaust du dir am besten ein repräsentatives Teil an, zum Beispiel den Motor für den Elephant.

Um die Handlingsschritte in diesem Prozess zu verstehen, gehst du den Weg des Motors, von der Entladung des LKWs im Wareneingang bis zur Bereitstellung in der Montage, Station für Station durch und dokumentierst jeden Handlingsschritt mit einem Foto. Mache dabei Notizen über Verschwendung, Dauer oder Verbesserungsideen zu jedem Schritt.

Folgendes Bild ergab die Handlingsstufen-Analyse für den Motor:

Palette einlagern

① Warten auf LKW.

② LKW entladen auf Pufferfläche.

③ Ware prüfen und einbuchen.

④ Ware ins Lager bringen.

⑤ Im Puffer abstellen.

⑥ Verschieberegal bewegen.

⑦ Palette aufnehmen.

⑧ Palette einlagern.

Ware bereitstellen

⑨ Verschieberegal bewegen.

⑩ Palette in Puffer abstellen.

⑪ Palette in Montage bringen.

⑫ Verpackung öffnen.

⑬ Leergut entsorgen.

⑭ Zurückfahren.

18 Minuten!

Das Bild zeigt, dass erstaunlich viele Schritte notwendig sind, bis das Teil am richtigen Ort und in der richtigen Menge in der Montage ankommt. Wir gehen den Weg des Motors vom Zeitpunkt, an dem er vom LKW entladen wird, bis zu seinem Verbau in der Endmontage gemeinsam durch. Wo siehst du Verschwendung?

Erst muss die Ware eingelagert werden. Der LKW voller Motoren fährt auf den Hof der LeanClean AG. Ein Mitarbeiter der Logistik wartet schon eine Weile auf seinem Stapler, bereit zum Entladen der Ware. Jetzt fährt er Palette für Palette auf einen Pufferplatz. Ein Mitarbeiter der Qualität macht eine Sichtprüfung und die Teile werden eingebucht. Dann warten die Motoren auf eine Mitfahrgelegenheit zu ihrem Lagerort. Da kommt auch schon der Stapler um die Ecke. Auch im Lager werden die Motoren zunächst auf eine Pufferfläche gestellt, bevor der Hochmaststapler den nächsten Handlingsschritt übernimmt. Warum brauchen wir einen Hochmaststapler? Als man das Lager geplant hatte, war Platz-Effizienz das oberste Gebot und man hatte sich für ein Verschieberegal mit sechs Ebenen entschieden. Und um an die höheren Ebenen zu kommen, ist eben dieser Hochmaststapler leider nötig. Denn jetzt heißt es erst einmal warten, bis sich die Regale verschoben haben und der Gang für das angewählte Regal befahrbar ist. Die Einlagerung der Motoren-Palette in Gang F, Ebene 4, dauert knapp 4 min.

Ein paar Tage später heißt es für die Logistik: „Motoren auslagern und für die Montage bereitstellen". Das gleiche Spiel also, aber in umgekehrter Reihenfolge: Regal verschieben, die Palette mit dem Hochmaststapler runterholen. Im letzten Schritt bringt der Stapler die Palette an die Endmontage. Jetzt noch schnell die Kartonagen öffnen, entsorgen und wieder zurück zum Ausgangspunkt fahren. Geschafft!

Was war bei all diesen Handlingsschritten nun genau Verschwendung im Sinne unserer Definition? Diese Frage lässt sich relativ einfach beantworten: alles!

Lass uns den Schaden für die LeanClean AG gemeinsam beziffern: Jede Kiste mit 50 Motoren benötigt 18,2 min Handling. Bei einem Logistik-Stundensatz von 60 € kostet jeder Motor 36 Cent mehr, damit er für den Werker so bereitgestellt wird, wie er ihn braucht. Zur Erinnerung: wir verkaufen 90.000 Elephant pro Jahr. Also nur für den Motor kosten die Handlingsschritte jährlich 32.400 €. Über alle Teile des Elephants addieren sich die Handlingskosten zu einem doch signifikanten Kostenblock zusammen.

Die Analyse zeigt deutlich, wie viel Verschwendung im Prozess versteckt ist. Und das Projekt MuDa wird diese Kosten keinen Cent reduzieren. Im Gegenteil: MuDa wird noch mehr Verschwendung in den Prozess bringen und die Kosten der Handlingsschritte erhöhen. Es lohnt sich also definitiv zu prüfen, wie man diese Handlingsschritte verkürzen oder eventuell ganz einsparen kann. Gut, dass es Methoden zur Vermeidung von Verschwendung gibt. Wir kommen im Kapitel „Milkrun" wieder auf die Handlingsschritte des Motors zurück.

Was sind Handlingsschritte?

Wenn du dir deine Prozesse vom Vereinnahmen bis zur Bereitstellung am Verbauort genau anschaust, wirst du überrascht sein, wie oft das Teil ausgeladen, angefasst, angehoben, sortiert, eingelagert, geprüft, gestapelt, kommissioniert oder transportiert wird, bis es letztlich dort ankommt, wo die Wertschöpfung stattfindet. All diese Handlingsschritte sind aus Lean-Sicht Verschwendung und es lohnt sich einen detaillierten Blick auf sie zu werfen. Mithilfe der Handlingsstufen-Analyse wirst du sehen, welche Handlingsschritte gemacht werden und welche enormen Kosten hier vergraben sind.

Das sind typische Handlingsschritte:

- Entladen des LKWs
- Anheben oder absetzen der Palette
- Scannen, buchen und quittieren von Lieferpapieren
- Aus- und umpacken von Behältern
- Kommissionieren, zählen von Teilen
- Bewegen eines Verschieberegals
- Transportieren der Ware
- Einlagern der Ware
- Auslagern der Ware
- Etikettieren von Behältern
- Suchen / Lagerplatz identifizieren

Handlingsschritte findest du in nahezu allen Prozessen. Nicht nur im Wareneingang, Lager oder Versand, sondern auch zwischen den wertschöpfenden Prozessen in der Produktion.

Wir sehen einen Trend, dass Firmen zunehmend Handlingsschritte, Prozesszeiten oder Qualitätsdaten digital durch Barcode oder RFID erfassen. Sie setzen diese technischen Möglichkeiten ein, um alle möglichen Daten in beliebigen Detaillierungsstufen und auf Verdacht zu erfassen. Im Sinne eines Lean-Ansatzes sollte vor solchen Überlegungen immer eine Analyse erfolgen, um zu klären, ob bestimmte Handlingsschritte im betrachteten Prozess nicht vermeidbare Verschwendung sind. So kannst du diese reduzieren und kannst auf die aufwendige digitale Erfassung verzichten. Damit die Digitalisierung nicht zur Verwaltung der Verschwendung eingesetzt wird, müssen die Fragen in der richtigen Reihenfolge geklärt werden. „Kann ich den Prozess einfacher und mit weniger Handlingsschritten gestalten?" und erst anschließend musst du dich fragen, „wie kann ich den schlanken Prozess digital automatisieren und absichern?".

Tipp

1. Fokussiere die Analyse auf ein repräsentatives Teil.
2. Beginne beim Entladen des LKWs und beobachte jeden Handlingsschritt. Mache Fotos und Notizen über die Dauer des Vorgangs und den Ablauf. Stoppe auch die Zeit.
3. Berechne die Kosten für das Handling für das beobachtete Teil. Rechne die Kosten auf das Jahr sowie für alle Teile mit gleichen Handlingsschritten hoch.
4. Stelle die Ergebnisse in einer Übersicht dar und diskutiere sie im Team.

3.8   Methode 5: Operator-Balance-Chart

Das Operator-Balance-Chart schafft Transparenz über die Verteilung der Arbeitsinhalte zwischen einzelnen Prozessschritten. Dadurch kannst du erkennen, wo der Prozess nicht im Takt läuft und Verschwendung entsteht.

Arbeitsverteilung in der Elephant Montage

Bei einem Rundgang durch die Produktion beobachtest du eine Weile die sechs Arbeitsstationen in der Elephant-Endmontage. Du stellst fest, dass der Mitarbeiter der Verpackung am Ende der Prozesskette etwas gestresst wirkt und sich bei ihm Geräte anstauen, während der Mitarbeiter, der in Station 3 den Motor verbaut, scheinbar völlig unterfordert ist.

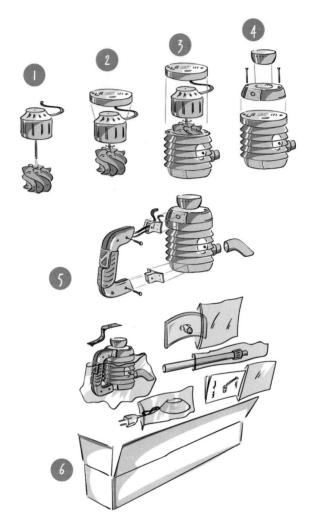

Hier scheint etwas mit dem Taktprinzip und der Verteilung der Arbeitsinhalte nicht ganz zu passen. Um genau zu erkennen, wo das Problem ist,
nimmt das Team die sechs Arbeitsstationen der Endmontage der Elephant-
Line näher unter die Lupe. Gemeinsam mit den Mitarbeitern des Bereichs
wurde zu diesem Zweck ein Operator-Balance-Chart (OBC) aufgenommen.

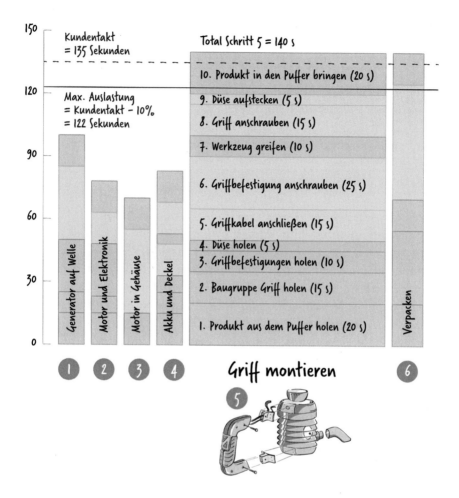

Griff montieren

Im OBC sind alle Arbeitsstationen der Elephant-Endmontage mit ihren Arbeitsschritten im Detail visualisiert.

Jeder Balken im OBC stellt eine Arbeitsstation im Prozess „End-montage" dar. Diese Balken zeigen dir die einzelnen Arbeitsschritte, in der Bearbeitungsreihenfolge (von unten nach oben) entsprechend ihrer Dauer an. Die Höhe des Balkens entspricht somit der jeweiligen Zeit in Sekunden, die in dieser Arbeitsstation für die Montage eines Elephants benötigt wird. Das Team hat alle Arbeitsschritte, deren Inhalt Verschwendung ist, in Rot und die Wertschöpfung in Grün dargestellt. Du siehst dadurch auf einem Blick die Verschwendung von jedem Handgriff. Nach einer Bewertung des Charts hat das Team mithilfe des OBC drei Erkenntnisse gewonnen:

1. **Hoher Anteil an Verschwendung in den Prozessschritten**

   Am geringen Anteil an Grün erkennst du, dass der Wertschöpfungsanteil unter 50 % ist. Dagegen ist der größere Anteil rot und ist Verschwendung. Wohl haben die Mitarbeiter der Endmontage die unnötigen
   Wanderungen jeden Abend in den Füssen gespürt, doch jetzt ist es klar
   quantifiziert. Wegezeiten sind bei der Analyse der Verschwendung
   eine sehr häufige Ursache. Zum Beispiel bei der Arbeitsstation „Griff
   montieren" machen Arbeitsschritte, in denen der Werker Wege zurück-
   legt, ca. 50 % aus.

2. **Ungleiche Arbeitsverteilung**

   Die Balken im OBC sind unterschiedlich hoch. Daran erkennst du, dass
   abgesehen von der Verschwendung in den einzelnen Arbeitsschritten auch
   Verschwendung durch eine schlechte Verteilung der Arbeitslast zwischen
   den Arbeitsplätzen entsteht. Weil es Arbeitsplätze gibt, die mehr Zeit
   benötigen, um einen Elephant zu montieren als andere, wird das Taktprinzip verletzt und es entstehen Überproduktion, Wartezeiten und
   Zwischenpuffer. Verschwendung in ihrer reinsten Form ist klar ersichtlich.

3. **Schlechte Austaktung**

   Die dritte Erkenntnis aus dem OBC ergibt sich aus dem Vergleich der
   Arbeitslast der einzelnen Arbeitsstationen mit dem **Kundentakt.** Du
   siehst ihn im OBC als gestrichelte Linie eingezeichnet. Zur Erinnerung:
   Der Kundentakt bedeutet, dass die LeanClean AG im Schnitt alle 135 s
   einen Elephant produzieren muss, damit der Kunde zum versprochenen
   Zeitpunkt sein Gerät bekommt. Arbeitsstationen, die unter dem Kundentakt liegen, produzieren zu schnell. Das heißt, es entsteht Verschwendung
   durch Überproduktion. Stationen, die über dem Kundentakt liegen,
   produzieren dagegen tendenziell zu langsam. Die Bilanz: *alle* Mitarbeiter
   der Endmontage müssen regelmäßig Überstunden fahren oder der Kunde
   erhält seinen Elephant nicht pünktlich.

   Wie du sehen kannst, ermöglicht das OBC eine sehr detaillierte und viel-
   schichtige Sicht auf den Prozess und dessen Verschwendung. Wenn du ihn
   gemeinsam mit den Mitarbeitern des Bereichs aufnimmst, wirst du einen
   Aha-Effekt erzielen und die Bereitschaft zur Veränderung gewinnen.

   Im Kapitel „Austaktung" wirst du sehen, wie man das OBC als Basis
   nutzen kann, um die Arbeitsinhalte sinnvoll zu verteilen und somit die
   Verschwendung zu reduzieren.

Tipp

1. Der Operator-Balance-Chart wird idealerweise immer gemeinsam in einem Team und in einem Workshop erarbeitet.
2. Je mehr Abteilungen das Team bilden, desto mehr Aspekte können beleuchtet werden. Die Mitarbeiter aus dem betroffenen Bereich der Produktion müssen aber unbedingt vertreten sein.
3. Beobachte den Prozess im Team über mehrere Zyklen, sofern das technisch machbar ist.
4. Zerlege den Prozess in abgeschlossene Teilabschnitte und gebe den Teilprozessen eine kurze aussagekräftige Bezeichnung z. B. „Düse holen" oder „Griff anschrauben".
5. Nimm die Zeiten für jeden Prozessschritt mit der Stoppuhr auf. Diese Zeitmessung ist keine Basis für eine Vorgabezeit, nach der später gearbeitet wird. Es geht hier darum Verschwendung zu sehen! Formale Zeitmessungen, z. B. nach Methods Time Measurement (MTM) oder der REFA-Methode vom Deutschen Verband für Arbeitsgestaltung, können für den Aufbau des OBC genutzt werden, sofern sie bereits vorliegen. Der Einsatz dieser Methoden im Workshop ist aber zu aufwendig und für den Zweck des OBC nicht notwendig.
6. Diskutiere die Arbeitsschritte im Team und beurteile, ob es sich bei den Tätigkeiten um Wertschöpfung oder Verschwendung handelt. Hierzu ist eine Schulung über die 7 Arten der Verschwendung und die 9 Prinzipien im Rahmen des Workshops sinnvoll.
7. Der OBC sollte im Workshop für alle Teilnehmer gut sichtbar sein, damit alle den Prozess verstehen und mitreden können. Wähle daher eine große Projektionsfläche. Je nach Komplexität der Montage und Anzahl der Teilnehmer im Workshop kann ein Flipchart, eine Pinnwand oder eine größere freie Wand verwendet werden.
8. Wähle einen geeigneten Maßstab für das OBC, z. B. 1 s = 1 cm. Orientiere dich am Kundentakt und dem gewählten Format.
9. Baue die Balken der Arbeitsstationen sukzessive aus den einzelnen Arbeitsschritten auf. Du kannst dazu rotes und grünes Papier, Post-Its oder magnetisch haftende Streifen nutzen. Schneide jeden Teilprozess entsprechend seiner Dauer im gewählten Maßstab aus und baue Arbeitsstation für Arbeitsstation auf, sodass du ein ähnliches Bild wie bei dem Beispiel der Elephant Montage hinbekommst. Jedes dieser Werkzeuge hat seine Vor- und Nachteile. Probiere aus und finde raus, was am besten für dich funktioniert.
10. Dokumentiere die gemeinsam erarbeiteten Ideen zur Verbesserung auf einem Flipchart.

3.9   Methode 6: Spaghetti-Diagramm

Du hast anhand des OBC gesehen, dass ein hoher Anteil an der Verschwendung durch Wege verursacht wird. Um diese noch etwas genauer zu analysieren, eignet sich die einfache, aber aufschlussreiche Methode „Spaghetti-Diagramm".

Ein langer Weg zum montierten Griff

Mit dem Spaghetti-Diagramm hat dein Analyseteam die Verschwendung durch Wege am Arbeitsplatz „Griff montieren" in der Endmontage des Elephants visualisiert und quantifiziert. Das Spaghetti-Diagramm zeigt den Weg im Layout auf, welchen ein Mitarbeiter der Endmontage eines Elephants innerhalb eines Produktionszyklus abgelaufen ist.

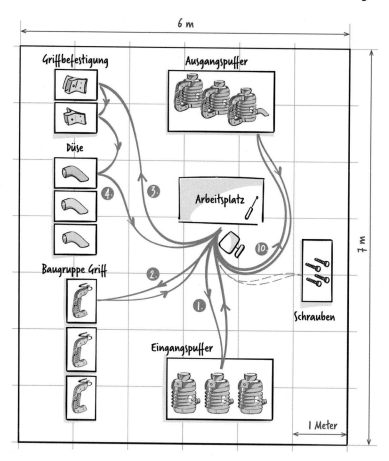

Bei näherem Hinsehen kannst du anhand des Diagramms einige interessante Zahlen, Daten und Fakten sehen: Pro Zyklus, also zur Fertigstellung je eines Elephants werden an dieser Arbeitsstation ca. 33 m abgelaufen.

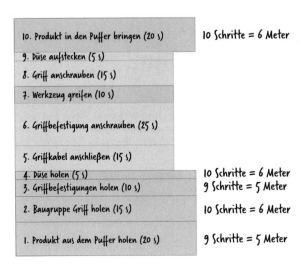

10. Produkt in den Puffer bringen (20 s)   10 Schritte = 6 Meter

9. Düse aufstecken (5 s)

8. Griff anschrauben (15 s)

7. Werkzeug greifen (10 s)

6. Griffbefestigung anschrauben (25 s)

5. Griffkabel anschließen (15 s)

4. Düse holen (5 s)   10 Schritte = 6 Meter

3. Griffbefestigungen holen (10 s)   9 Schritte = 5 Meter

2. Baugruppe Griff holen (15 s)   10 Schritte = 6 Meter

1. Produkt aus dem Puffer holen (20 s)   9 Schritte = 5 Meter

Der Mitarbeiter geht diese Strecke im Schnitt 200 Mal pro Schicht. Insgesamt legt er 6,6 km am Tag zurück. In beiden Schichten 13,2 km. Bei 90.000 Elephants im Jahr macht das 2970 km oder knapp die Strecke Rom-Moskau. Im typischen Produkt-Lebenszyklus bei der LeanClean AG von ca. 4 Jahren, 11.880 km. Das ist Weg-, aber auch Geldverschwendung. Wenn der Mitarbeiter eine Sekunde benötigt, um einen Meter zurückzulegen und die Kosten pro Stunde in der Montage 70 € betragen, sind das 257 € am Tag, 57.750 € im Jahr und 231.000 € im Elephant-Lebenszyklus. Wenn es um die Finanzierung von Maßnahmen geht, werden die 231.000 € ein stärkeres Argument sein als die 33 m Wegersparnis.

Im Spaghetti-Diagramm des Elephants kannst du auch einige Ursachen für die vielen Wege sehen. So sind die großen Gitterboxen mit Griffbefestigungen, Griffen und Düsen, die lediglich mit Staplereinsatz bewegt werden können, Platzfresser und mit Sicherheit eine Ursache für die langen Wege. Ist eine Bereitstellung in kleineren Mengen und Gebinden unter dem Strich nicht wirtschaftlicher? Die Anordnung der Teile und Betriebsmittel scheint nicht ideal. Beispielsweise muss der Werker immer einen Bogen um seinen Arbeitsplatz machen, um die fertigen Geräte abzuliefern. Siehst du eine Möglichkeit die Dinge besser anzuordnen?

Mit den Methoden zur Beseitigung von Verschwendung, kann man diese Punkte gezielt angehen. Dafür musst du die Verschwendungen anhand des Spaghetti-Diagramms zunächst identifizieren.

Wie du sehen kannst, ist die Methode sehr einfach. Sie liefert dir dennoch erstaunlich viele Details und Erkenntnisse.

Tipp

1. Erkläre den Mitarbeitern des betroffenen Arbeitsplatzes die Methode.
2. Beobachte idealerweise erst mehrere Arbeitszyklen, um den Prozess zu verstehen und notiere die Reihenfolge der Arbeitsschritte.
3. Skizziere vor Ort das Layout mit allen relevanten Anlaufstationen wie Arbeitstische und Regale auf einem Blatt. Es muss nicht auf den Millimeter maßstabsgetreu sein. Ein großer Schritt ist ca. 1 m.
4. Beobachte den Weg, den der Mitarbeiter im Produktionszyklus geht und zeichne ihn in das Layout. Zähle die Schritte und stoppe die Zeiten für einen Produktionszyklus.
5. Berechne, welche Strecke pro Produktionszyklus, pro Tag, pro Jahr und im Lebenszyklus des Produkts zurückgelegt wird. Jeder Schritt ist ca. 70 cm weit.
6. Jeder Meter entspricht grob 1 s.
7. Rechne die Verschwendung in Euro um, damit sie deutlich wird.
8. Diskutiere Ideen zur Optimierung und rechne das Potential aus.

3.10 Methode 7: Pareto-Chart

Oft gilt der Grundsatz, 20 % der Probleme verursachen 80 % der Verschwendung. Das Pareto-Chart deckt die Hauptverursacher auf und zeigt dir damit, wo du ansetzen musst, um die Verschwendung zu beseitigen.

Vom Bauchgefühl zur Faktenlage in zwei Schichten

Durch die OEE-Analyse hattest du herausgefunden, dass die Qualitätsrate der Spritzgussmaschine Plastmaster 2000 bei nur 86 % liegt. 14 % der Teile wandern in die Mulde. Doch warum sind die Teile fehlerhaft?

Wir fragen den Maschinenbediener nach seiner Beurteilung. Er meint, 50 % der Teile fallen aus der Toleranz. Vermutlich durch Werkzeugverschleiß. Die Haftung der Weichkomponente, also der Schaumstoffpolsterung am Griff, die sich zu einfach lösen lasse, sei vielleicht für 20 % Ausschuss zuständig. Und mit je etwa 10 % sei eine unregelmäßige Oberfläche, die Gratbildung oder eine sichtbare Fließnaht, welche die Teile unbrauchbar mache. Doch ist das wirklich so?

	Ausserhalb Toleranz	Weichkomponente hält nicht	oberfläche ungleichmäßig	Gratbildung	Fließnaht sichtbar
6.00–7.00 |卌 卌	卌 卌 ||	|||	||	|||
7.00–8.00	||	卌					
8.00–9.00	卌 卌 卌	卌 卌	||	|||	
9.00–10.00			卌 ||		卌 卌	||
10.00–11.00	|||	卌			卌 卌	
11.00–12.00	卌	卌		||	卌
12.00–13.00	||	卌 卌 ||	|||			
13.00–14.00	卌	卌 卌 卌			|||	||
14.00–15.00	卌 卌	||			卌	卌
15.00–16.00	||	卌		卌	|||
16.00–17.00			卌 卌		||	||
17.00–18.00		||				卌
18.00–19.00	卌	卌 卌	||	|||	卌
19.00–20.00	卌	||		卌		||
20.00–21.00	卌 ||	卌 卌 ||			卌 卌		
21.00–22.00		卌 |||					
Total	74	120	14	66	38
Prozent	24%	39%	4%	21%	12%

Um dies herauszufinden starten wir, wie so oft, mit einem weißen Blatt Papier. Der Maschinenbediener protokolliert hier tabellarisch im Stundenraster die Fehler, sortiert nach den fünf genannten Fehlertypen. Fällt ein Teil durch, markiert er an dem entsprechenden Fehlertyp einen Strich. Wenn ein einzelnes Teil mehrere Fehler aufweist, so markiert er das mehrfach. Der Schuh kann eben an mehreren Stellen drücken und so hast du zum Schluss möglicherweise mehr Fehler als fehlerhafte Teile.

Die Anlagenbediener haben über zwei Schichten mit großem Engagement und Neugierde den Zusatzaufwand geleistet. Danke vorab. Statt eines Bauchgefühls haben wir nun echtes Beweismaterial. Los geht's an die Analyse. Auf dem ersten Platz der Fehler-Charts liegt mit 38 % die ungenügend haftende Weichkomponente, welche sich in diesem Fall von der Griffschale löst. Rang zwei und drei gehen an die Toleranz und die Gratbildung.

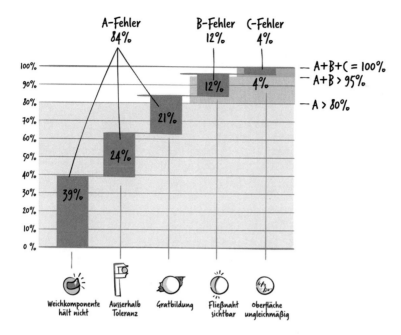

Diese drei Fehlerursachen machen bereits rund 83 % der gesamten Fehler aus. Wir haben also eine klare Reihenfolge, in welcher dein Team jede einzelne Ursache untersuchen wird.

Bei der Analyse der Verschwendung ist es wichtig, der Sache auf den Grund zu gehen und die unterschiedlichen Ursachen zu verstehen, die zur Verschwendung führen. Dabei sind Fakten besser als Meinungen. In unserem Beispiel hast du gesehen, dass für eine erste Aussage meist eine manuelle Erfassung ausreicht. Klar wäre die Unterstützung durch ein IT-System manchmal wünschenswert, doch oft sind die notwendigen Daten dort nicht verfügbar oder die systematische Erfassung im Computer frisst zu viel Investitionen und Zeit. Wie heißt es im englischen Sprichwort doch so schön: „A good plan today is better than a perfect plan tomorrow".

Die Pareto-Logik lässt sich auch universell in vielen anderen Bereichen der Verschwendungsanalyse einsetzen. Was sind die wichtigsten Ursachen für Bestände, Verspätungen oder Wartezeiten? Eine Strichliste und eine Pareto-Auswertung werden dir eine gute erste Antwort liefern.

> **Tipp**
> 1. Das Pareto-Chart lässt sich sehr universell zu Analyse von Verschwendung einsetzten. Zum Beispiel bei Fehlern oder Beständen.
> 2. Mache keine Wissenschaft aus dem Datensammeln für das Pareto-Chart. Nutze eine einfache Tabelle auf einem Blatt und erfasse eine Strichliste von Hand.
> 3. Du kannst die Datenerfassung mit IT-Tools optimieren. Aber arbeite dich Schritt für Schritt in diese Richtung.
> 4. Nutze das Pareto-Chart zur Schaffung von Klarheit hinsichtlich Priorität. Fokussiere dich bei der Umsetzung. Fange unbedingt erst mit *einem* Thema an und überprüfe die Resultate.

3.11 Methode 8: Bestandsanalyse

Die Bestandsanalyse hilft dir die Verschwendung durch Bestände Schritt für Schritt zu beleuchten. Das gibt dir das notwendige Verständnis, um anschließend die Bestände mit geeigneten Lean-Maßnahmen zu senken.

360-Grad Betrachtung der LeanClean Bestände

Du kannst anhand der Prozess-Map und am Wertstrom sehen, dass sich praktisch überall entlang der Wertschöpfung Bestände angehäuft haben. Das ist Verschwendung und daher werden wir diese Bestände etwas näher untersuchen. Was und vor allem wie viel genau lagert die LeanClean AG an jedem dieser Orte? Tauchen wir also ein weiteres Mal in die Details ab.

Die Erhebung der letzten Inventur sagt, dass es in der LeanClean AG 1185 unterschiedliche Teile gibt. Und der Gesamtwert der Bestände wird mit 1,4 Mio. € beziffert. Aber diese zwei Zahlen bringen dich und dein Team nicht wirklich weiter. Wir kratzen damit nur an der Oberfläche. Was dir weiterhilft ist eine differenzierte Betrachtung des Bestands.

Zunächst klassifizieren wir die Teile in den Kategorien Kosten und Verbrauch.

Jede Dimension haben wir in drei Stufen unterteilt.

Teure Teile (A) mit einem hohen Verbrauch (X) nennen wir AX-Teile. Ein näherer Blick auf diese Klasse lohnt sich, da sich in diesen Teilen ein hohes Potenzial an Verschwendung verbirgt. In dieser AX-Klasse befinden sich 72 Teile, darunter auch z. B. der Motor, der in jedem Elephant verbaut wird.

Interessant ist zu fragen **„wie viel"** Bestand für jedes der 72 Teile vorhanden ist. Nicht nur die Stückzahl ist dabei eine gültige Antwort. Du kannst den Bestand auch als Wert in Euro beschreiben, als Reichweite in Tagen beziffern oder als Volumen in Kubikmeter ausdrücken.

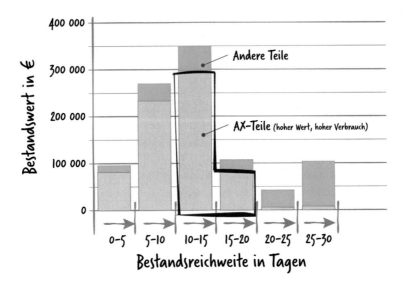

Für unsere Betrachtung des „wie viel" ordnen und gruppieren wir alle AX-Teile, sowie die anderen Teile nach der Reichweite und visualisieren deren Wert in Euro. Durch diese Fragestellung hast du das Problem näher eingegrenzt. Die AX-Teile mit großer Reichweite und hohem Bestandswert liegen im Fokus bei deiner Bekämpfung der Verschwendung.

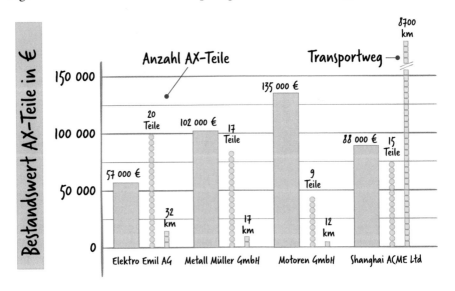

Jede weitere Auswertung bringt wieder weitere Erkenntnisse. So kannst du die Teile in Kaufteile und intern produzierte Teile unterteilen. Für den Fall, dass es Kaufteile sind, interessiert uns zusätzlich, wie weit entfernt die

Lieferanten liegen. So können wir abschätzen, wie schnell wir die Ware wiederbeschaffen können. Für die AX-Teile mit mehr als 10 Tagen Reichweite haben wir die wichtigsten Lieferanten ausgemacht. Im Team seht ihr nun, dass viele der AX-Teile, die im randvollen Lager wertvollen Platz belegen, von drei Lieferanten geliefert werden, die maximal eine halbe Stunde von der LeanClean AG entfernt sind. Die Lieferzeit beträgt maximal einen Tag.

Du fasst nach der Bestandsanalyse die wichtigsten Kernaussagen nochmals zusammen:

Nur wenige der 1185 Teilenummern sind teuer und haben einen hohen Verbrauch (AX-Teile). Diese 72 AX-Teile machen einen wesentlichen Teil des Lagerwertes aus und viele davon haben eine große Reichweite.

Die meisten Lieferanten der AX-Teile mit >10 Tagen Reichweite haben einen Transportweg von weniger als 32 km und sind somit innerhalb einer Tagesfahrt erreichbar.

Diese erste Analyse hat dir und deinem Team einen ersten Eindruck über die Bestände verschafft und einen entscheidenden Startpunkt für die Bestandssenkung gesetzt. Du hast an diesem Beispiel gesehen, dass zur ABC-XYZ-Klassifizierung noch weitere Faktoren betrachtet werden müssen, um ein vollständiges Bild über die Bestandssituation zu bekommen. So kannst du dich auf jene Teile fokussieren, die einen besonders hohen Anteil an Verschwendung durch Bestände verursachen. Die detaillierte Betrachtung hilft dir später die richtige Methode zur Umsetzung der Prinzipien und zum Abbau der Verschwendung zu wählen.

Tipp

1. Auswertungen der Bestände haben oft einen emotionalen Aspekt. Darum mache die Auswertungen immer unter Einbezug der verschiedenen Beteiligten wie Logistik, Planung, Produktion und Finanzabteilung.
2. Du wirst bei der Auswertung eventuell auf Datenprobleme stoßen. Vereinbare einen Fahrplan zur Behebung. Du wirst hier als „Abfallprodukt" weitere Verschwendungen identifizieren.
3. Ein wichtiger Aspekt ist die Kommunikation der Bestandsanalyse. Hier gilt es, keinen „anzuklagen".
4. Setze klare Ziele und Verantwortlichkeiten zur Senkung der Bestände. Nutze die Methoden zur Umsetzung der Prinzipien, um diese Ziele zu erreichen.

4

Methoden zur Umsetzung der 9 Prinzipien

Inhaltsverzeichnis

R. Hänggi et al., *LEAN Production – einfach und umfassend*,
https://doi.org/10.1007/978-3-662-62702-0_4

Es ist nicht genug zu wissen, man muss es auch anwenden. Es ist nicht genug zu wollen, man muss es auch tun.

Johann Wolfgang von Goethe

4.1   Umsetzen bringt den Erfolg

Du hast die LeanClean AG jetzt gründlich analysiert und weißt jetzt genau, wo sich Verschwendung festgesetzt hat. Jetzt beginnt die harte Arbeit, es geht an die Umsetzung. Du musst jetzt die Resultate einfahren. Wie für die Analyse gibt es auch für die Umsetzung Methoden, die sich im Lean-Management etabliert haben. Sie werden dir helfen, den Produktionsprozess physisch und organisatorisch so zu verändern, dass dieser nach den Lean-Prinzipien funktioniert. Neben methodischem Wissen wollen wir dir in diesem Kapitel auch ein Gefühl dafür mitgeben, unter welchen Voraussetzungen der Einsatz einer Methode sinnvoll ist und welche Vorbereitungen notwendig sind, damit deine Anstrengungen zum gewünschten Ergebnis führen.

Wir haben für dich eine Übersicht der wichtigsten Umsetzungsmethoden erstellt. Hier siehst du welches Prinzip im Fokus der Methode steht. Setze diese Methoden stets zielgerichtet auf ein Problem ein, das du in der Analysephase entdeckt hast. Methoden nur zum Selbstzweck auszuführen führt zwar zu Veränderung, schafft aber meist keine Verbesserung.

	Pull	Fließen	Takt	0-Fehler	Trennung Verschw./Wertsch.	FiFo	Minimale Wege	Wertstromorientierung	Standardisierung
5S				✓	✓		✓		✓
Zoning			✓	✓	✓		✓		✓
SMED		✓			✓		✓		✓
Lean-Regal	✓	✓	✓	✓	✓	✓	✓		✓
Milkrun	✓		✓				✓	✓	✓
Kanban	✓	✓	✓	✓	✓	✓	✓	✓	✓
Austaktung		✓	✓		✓				✓
Setbildung			✓	✓	✓		✓	✓	✓
Sequenzierung			✓		✓		✓	✓	✓
A3				✓					✓
Poka-Yoke				✓					✓
Andon				✓					✓
KPI	✓	✓	✓	✓	✓	✓	✓	✓	✓
Shopfloormanagement	✓	✓	✓	✓	✓	✓	✓	✓	✓

4.2   Methode 9: 5S

Stabile Prozesse bauen auf Ordnung. Die 5S-Methode schafft durch Sortieren, Sichtbar-machen, Säubern, Standardisieren und Sichern der Standards diese Basis. Mit 5S wird eine sichtbare Veränderung erreicht und der Mindset für Lean geschaffen.

Jetzt packen wir gemeinsam an

Wir verlassen nun die Analyse und machen einen ersten Schritt zur realen Verbesserung. Und in der Endmontage werden deine Lean-Künste dringend gebraucht. Schritt 5, die Montage des Griffes, ist heillos überlastet und kann den Kundentakt nicht einhalten. Deshalb macht es Sinn, hier zu starten. Etwas Entschlackung, Reinigung und Organisation werden diesem Arbeitsplatz sicher guttun. Und genau um das geht es bei der 5S-Methode.

Die fünf S stehen für die japanischen Begriffe Siri, Seiso, Seiton, Seiketsu und Shitsuke. Und da wir nicht davon ausgehen, dass du fließend japanisch sprichst, haben wir deutsche S-Wörter verwendet, die womöglich etwas umständlich klingen, aber hoffentlich etwas zugänglicher sind.

Das 1. S: (Aus-)Sortieren

Nach einer kurzen Einführung ins Thema geht es ans erste „S". Sortieren bzw. Aussortieren ist das Motto. Das Team hat die Aufgabe, alles, was nicht mehr regelmäßig am Arbeitsplatz gebraucht wird, zu separieren. Und *alles* heißt *alles*: Werkzeuge, Teile, Vorrichtungen, Hilfsmittel und einige private Gegenstände. In jeder Schublade, in jedem Schrank, in jeder Ecke. Die Mitarbeiter haben die Dinge in drei Paletten sortiert:

Entsorgen: Dinge, die nie wieder gebraucht werden.
Fragezeichen: Dinge, deren Verwendung noch unklar ist.
Behalten: Dinge, die an diesem oder einem anderen Arbeitsplatz gebraucht werden.

Nach zwei Stunden harter Arbeit und etlichen Diskussionen über die Notwendigkeit von Dingen am Arbeitsplatz (die Jahrzehnte nicht benutzt wurden) sind alle drei Paletten voll. Die fürs Entsorgen besonders.

Darin liegen Werkzeuge, die Jahre nicht mehr benutzt wurden oder gar kaputt sind. Es gibt Werkzeuge, die vor Monaten von anderen Abteilungen ausgeliehen wurden und nun endlich den Weg dorthin zurückfinden. Und in der Palette befinden sich auch hunderte Kleinteile und Dokumente, von denen niemand mehr weiß, wozu die eigentlich nützlich sind.

Sollten dir in diesem Sortierungsschritt größere Objekte oder ganze Maschinen begegnen, die nicht in die Palette passen, kannst du diese natürlich auch mit Klebepunkten markieren. Rot = Entsorgen, Gelb = Unklar, Grün = Behalten.

Zusammen mit den Mitarbeitern habt ihr euch zuletzt den unklaren Fällen in der mittleren Palette gewidmet. Nach etwas Trennungsschmerz ist auch hier das meiste zum Entsorgen hinübergewandert.

Allein durch das Entsorgen von unnötigem Kram wirkt der Arbeitsplatz nach diesem ersten S bereits deutlich übersichtlicher und organisierter.

Das 2. S: Säubern

Staub und Flecken haben sich über die Monate auf der Arbeitsfläche niedergelassen. In einem zweiten Schritt geht es nun ans Säubern und Reinigen des Arbeitsplatzes. Auch alle Maschinen, Werkzeuge, Betriebsmittel und der Boden kommen in den Genuss eurer Pflege. Das Saubermachen hat neben der optischen Verbesserung des Arbeitsplatzes auch den Effekt, dass du die Dinge etwas genauer anschaust und die Teile in die Hand nimmst. So erkennst und beurteilst du deren Zustand ganz bewusst. Dein prüfender Blick erspäht nochmals ein paar abgenutzte Werkzeuge – auch die finden ihre Bestimmung in der Entsorgungspalette.

Beim Säubern entwickeln du und deine Mitarbeiter bereits ein Gefühl dafür, welche Punkte für den Reinigungs- und Wartungsplan wichtig sind. Diese Inspiration ist wertvoll für das vierte S, das Standardisieren.

Am Ende der Reinigungsaktion glänzt der Arbeitsplatz und es bleibt nur das übrig, was wirklich regelmäßig benötigt wird. Was muss nun geschehen, damit die Mitarbeiter ihre Werkzeuge und ihr Material in Zukunft mühelos finden und schnell zur Hand haben?

Das 3. S: Sichtbar-machen

„Sichtbar-machen" ist nun an der Reihe. Jetzt weist ihr jedem Werkzeug und jedem Schraubenkistchen am Arbeitsplatz seinen eindeutigen und gekennzeichneten Platz zu. Für den Werkzeugwagen eignen sich Einlagen aus Hartschaumstoff. Diese können schnell von Hand zugeschnitten werden und bieten nun jedem Werkzeug eine passende Aussparung. Zusätzlich kannst du die Mulden beschriften. So ist jedes Werkzeug immer am selben Ort griffbereit. Und wenn ein Schraubenzieher fehlt, kannst du dies auf einen Blick erkennen.

Sichtbar-machen betrifft nicht nur den Arbeitsplatz, sondern den ganzen Bereich mit Boden, Wänden, Logistikflächen oder Türen. Schnappt euch deshalb ein breites gelbes Klebeband und markiert die Wege und Flächen, um den Logistikern Orientierung zu bieten. Zieht die Linien schön gerade und rechtwinklig. Ein bisschen Ästhetik erhöht die Akzeptanz eurer Arbeit enorm. In der Endmontage des Elephants haben wir in Sachen Sichtbarkeit die Messlatte hoch gesetzt. Könnten da nicht auch andere Bereiche davon profitieren? Und würde es nicht helfen, wenn zum Beispiel unsere Farbcodes für die Bodenmarkierung in der ganzen LeanClean einheitlich gestaltet würden? Auf zum nächsten Schritt: Standardisieren.

Das 4. S: Standardisieren

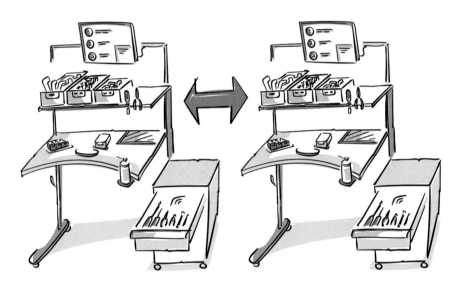

Das Team hat viel Arbeit in die Suche nach der optimalen Detaillösung für den Arbeitsplatz, die Beschilderungen oder Markierungen gesteckt. Es wäre doch Verschwendung diese Lösungen in jedem folgenden Workshop aufs Neue zu erarbeiten. Daher habt ihr euch im Rahmen des vierten S, dem Standardisieren, überlegt, welche der bisher im Workshop erarbeiteten Lösungen zum Standard innerhalb der LeanClean AG deklariert werden sollte. Um diese Best-Practices festzuhalten und für jeden im Unternehmen zugänglich zu machen, hat das Team ein Dokument mit dem Namen „LeanClean Standards" erstellt. Das dient nun in jedem Workshop als Hilfestellung und wird bei neuen Ideen, die sich bewährt haben, ergänzt.

In diesem Workshop hat das Team drei Dinge zu LeanClean-Standards erklärt:

1. **Werkzeugwagen:** Die Erarbeitung der Werkzeugeinlagen, den sogenannten Shadow Boards, hat viel Arbeit gekostet. Hartschaumplatten mussten erst recherchiert und getestet werden. Im nächsten Workshop geht das deutlich schneller.
2. **Kennzeichnungen:** Markierung von Logistikflächen und Fahrwegen wurden einheitlich festgelegt. Wenn du jetzt bei LeanClean in der Produktion bist, weißt du wo du langlaufen musst.
3. **Reinigungs- und Wartungspläne:** Schließlich hat das Team sich auf einen Standard für einen Reinigungs- und Wartungsplan für alle Arbeitsplätze

und Anlagen geeinigt. Die Arbeitsplätze sind nun stets sauber und übersichtlich und die regelmäßige Pflege der Anlagen und Werkzeuge hat die Ausfallrate messbar reduziert.

Das 5. S: Sichern des Standards

Die Arbeitsplätze sehen nach der ersten Workshop-Welle aus wie neu. Die Produktion ist nicht wiederzuerkennen. Alle Werkzeugsätze sind jetzt wieder vollständig und die Motivation der Mitarbeiter spürbar hoch. Aber wann wird der erste Schraubenschlüssel fehlen? Ist es möglich, dass alles wieder in den alten Modus zurückfällt? Es ist nicht nur möglich oder wahrscheinlich, es ist absolut sicher! Daher kommt das fünfte S ins Spiel. Du willst den eroberten Standard sichern. Es ist deshalb notwendig, dass du von Zeit zu Zeit prüfst, ob die Mitarbeiter den vereinbarten Standard auch einhalten. Falls dem nicht so ist, müsst ihr ihn gemeinsam wieder herstellen. Um den 5S-Grad zu beurteilen, hast du einen Audit-Plan mit sieben einfachen und eindeutigen Fragen erstellt.

Sind nicht benötigte Werkzeuge
und Gegenstände im Bereich?

Ist der Abfall richtig sortiert?

Sind Anlagen, Werkzeuge und
Betriebsmittel sauber?

Werden die Wartungs- und
Reinigungspläne eingehalten?

Sind alle Werkzeuge und Teile
am vorgesehenen Ort?

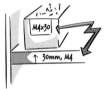

Sind alle Regale, Behälter und
Werkzeuge gekennzeichnet und
nach Standard beschriftet?

Wird die persönliche
Schutzausrüstung getragen?

Monatlich findet nun in jeder Abteilung der LeanClean AG ein 5S-Audit statt. Das Ergebnis wird mit den Mitarbeitern der jeweiligen Abteilung besprochen und Maßnahmen abgeleitet. Es ist wichtig, dass allen Mitarbeitern bei LeanClean bewusst wird, dass die Standards gemeinsam erstellt und vereinbart wurden und dass 5S die Grundlage für ein schlankes Unternehmen ist.

Tipp

1. Wähle für den ersten 5S-Workshop einen Bereich, in dem die Motivation und Offenheit der Mitarbeiter für Neues hoch ist. Dies ist wichtig, um im ersten Workshop ein Erfolgserlebnis zu erzielen und so die Organisation für 5S zu gewinnen.
2. Starte den Workshop mit einer Einführung in 5S und rekapituliere die 7 Arten der Verschwendung und 9 Prinzipien. Dass die Mitarbeiter den Zusammenhang zwischen 5S und Verschwendung verstehen, ist wichtig. Fehlt dieses Verständnis, wird 5S als reine Putzaktion abgestempelt.
3. Bevor du mit dem ersten S startest, mache mit dem Team eine Begehung in der Abteilung. Diskutiere dabei Verschwendung und den Zusammenhang mit 5S. Welche Bedeutung haben gekennzeichnete Ablageorte für Wege und Transport? Welche haben durchgängige Beschriftungen für Suchzeiten? Welche hat eine saubere und gewartete Anlage für Fehler und Nacharbeit?
4. Falls es noch nicht existiert, erstelle ein „Buch der Standards", um die guten Ideen aus den 5S Workshops zu sammeln.
5. Nachdem in allen Bereichen ein erster 5S-Workshop durchgeführt wurde, kannst du mit den 5S-Audits beginnen. Sie sind entscheidend für den nachhaltigen Erfolg.

4.3   Methode 10: Zoning

Wege und unnötige Bewegungen sind Verschwendung. Mit Zoning werden alle Gegenstände am Arbeitsplatz sinnvoll in definierten Zonen angeordnet, um diese Art der Verschwendung zu vermeiden. Entscheid für die Zonen und die Anordnung in den Zonen ist die Größe, Distanz und die Frequenz der Nutzung von Werkzeugen oder Teilen.

Aufteilung der Arbeitsfläche

Nachdem du und dein Analyse-Team das Spaghetti-Diagramm auf-genommen hattet, wurde deutlich, dass der Montageprozess viel Ver-schwendung durch Wege beinhaltet. Du brauchst nun eine Methode, mit der du die Wege im Prozess auf ein Minimum kürzen kannst! Um noch mehr System in diese Überlegung reinzubringen, teilst du gemeinsam mit deinem Team die Arbeitsfläche in drei Zonen ein und markierst diese Bereiche im Layout in Grün, Gelb und Rot.

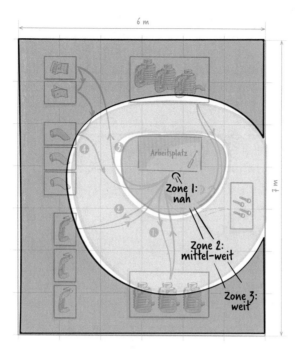

Zone 1 = nah

Hier ist alles Material in Griffweite angeordnet. Um es zu erreichen, braucht der Mitarbeiter keinen Schritt zu gehen. Teile und Werkzeuge, die sehr häufig gebraucht werden, ordnet ihr in diese Zone ein.

Zone 2 = mittel-weit

Hier muss der Mitarbeiter bereits aufstehen und zwei bis drei Schritte gehen. Alles, was in Zone 1 keinen Platz mehr gefunden hat, wird hier angeordnet. Dieses Material wird seltener, aber dennoch regelmäßig gebraucht.

Zone 3 = weit

Spezialwerkzeuge oder Nachfüllbehälter für Schrauben und Kleinteile werden noch seltener gebraucht und nicht in jedem Produktionszyklus benötigt. Sie finden ihren Platz in der weiter entfernten Zone 3.

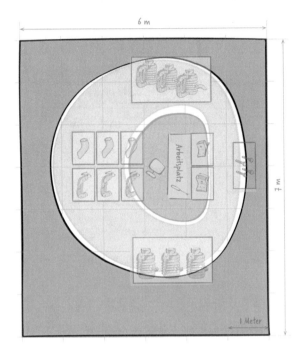

Das Zoning zeigt deutlich, dass eine andere Anordnung des Materials für die Laufwege des Mitarbeiters günstiger wäre. Eine Möglichkeit ist, die Teile nicht nach Gruppen wie Düse, Griffbefestigung oder Griff anzuordnen, sondern nach Häufigkeit der Verwendung. Die orangenen Teile werden schließlich viel öfter gebraucht, als die blauen und grünen. Folglich ordnet ihr alle Tische, Regale, Werkzeuge und Teile nach Häufigkeit der Verwendung neu in diesen Zonen an. Die Griffhalterungen, die in jeder Variante und somit am häufigsten verwendet werden, bekommen einen prominenten Platz in der Zone 1, direkt am Arbeitsplatz.

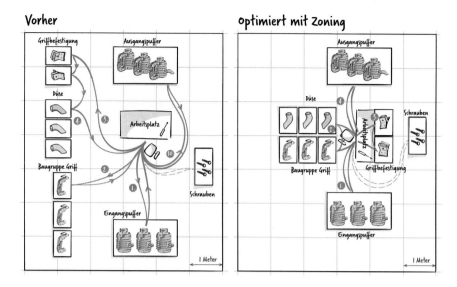

Nach dem Umstellen nach Zonen habt ihr ein neues Spaghetti-Diagramm erstellt, um den Effekt zu messen. Siehe da, für die häufigste, orange Variante konntet ihr die Wege von 33 m auf 8 m reduzieren. Selbst beim grünen Langsam-Dreher sind es nur noch 12 m. Nach anfänglicher Skepsis sind die Mitarbeiter begeistert von eurer Umstellung. Sie müssen die Teile nun nicht mehr unnötig weit tragen und haben sich schnell an die neue Anordnung gewöhnt.

Zoning funktioniert nicht nur in der Montage

Zoning bietet dir eine einfache und effektive Methode, um das Prinzip der minimalen Wege umzusetzen. Allerdings gibt es keine genaue Anleitung zur Anwendung der Methode. Wie viele Zonen du für einen Arbeitsplatz definierst und wie gross diese sind, ist dir überlassen. Es hängt sehr stark von der Art des Arbeitsplatzes und des Produkts ab. Handelt es sich um ein Fließband in der Automobilproduktion? Ist es ein Teilelager? Ist es ein Sitz-arbeitsplatz, an welchem eine filigrane Uhr montiert wird? Jeder Arbeitsplatz hat völlig unterschiedliche Anforderungen. Dementsprechend individuell sind auch sinnvolle Zoneneinteilungen, welche für jeden Arbeitsplatz erarbeitet, diskutiert und festgelegt werden müssen. Hier zwei Beispiele, die zeigen, wie vielfältig das Zoning eingesetzt werden kann und wie unter-schiedlich die Zonen in jedem Fall ausgestaltet sind:

Wie können die Zonen für einen Büroarbeitsplatz aufgeteilt werden? Die Maus, die Tastatur und der Kaffeebecher sind ständig in Gebrauch und müssen in Zone 1, während die Schere, der Locher oder der Drucker in Zone 2 platziert werden.

Im Lager ist eine Zoneneinteilung nach der Häufigkeit der Lagervorgänge organisiert. Natürlich gilt es nicht nur Wege, sondern auch Größen- und Gewichtskriterien der Lagergüter in diese Betrachtung mit einzubeziehen und das Lager in entsprechende Zonen einzuteilen.

Tipp

1. Gehe in drei Schritten vor, um einen Bereich in Zonen zu organisieren.
   Schritt 1: Teile den Arbeitsplatz in Bereiche ein, die hinsichtlich der Wege gleich gute Bedingungen haben. Das sind deine Zonen.
   Schritt 2: Priorisiere alle Materialien, Teile, Werkzeuge etc. nach Wichtigkeit, z. B. nach der Häufigkeit der Nutzung.
   Schritt 3: Ordne die Elemente aus Schritt 2, entsprechend deren Priorität, den einzelnen Zonen zu.
2. Erfasse ein Spaghetti-Diagramm vor und eines nach der Umstellung. So kannst du den Effekt des Zonings messen und nachweisen.
3. Platz für das Zoning lässt sich durch ein vorgeschaltetes 5S-Projekt generieren.
4. Das Zoning-Konzept muss regelmäßig auf seine Aktualität überprüft werden. Produktänderungen oder Veränderungen im Absatz erfordern ein Überdenken der Zuordnung zu den Zonen.

4.4   Methode 11: SMED

SMED ist eine Methode, mit der du die Rüstzeiten reduzieren kannst. Dabei kommen, nach einer gründlichen Analyse des Rüstvorgangs, technische wie auch organisatorische Maßnahmen zum Einsatz.

Die Plastmaster 2000 peilt die Pole Position an

Der Werkzeugwechsel für die Griffschale an der Plastmaster 2000 dauert laut Wertstrom-Aufnahme 124 min. Aufgrund der vielen unterschiedlichen Teile, die auf der Anlage produziert werden, müssen die Mitarbeiter viele solcher Rüstvorgänge pro Monat durchführen. Das alles frisst wertvolle Kapazität der Maschine, da sie während der Rüstzeit steht. Damit aber trotzdem noch genug Produktionszeit übrigbleibt und die aufsummierten Rüstzeiten nicht zu gross werden, produziert LeanClean ihre Teile in großen Losen.

Jedes zusätzliche Teil, das auf der Plastmaster 2000 produziert wird, macht diese Strategie noch problematischer. Die Zeit, bis das nächste Teil wieder dran ist, wird dadurch noch länger und die Bestände noch höher. Es gibt nur eine Alternative, um diese Situation wieder in den Griff zu bekommen: Die Rüstzeiten müssen reduziert werden!

Nimm dir ein Beispiel an der Formel 1. In jahrelanger Optimierungsarbeit haben die Teams es geschafft, die Reifen beim Boxenstopp in weniger als zwei Sekunden zu wechseln. Wenn du es dir zum Ziel machst, dann schaffst du es bestimmt auch den Werkzeugwechsel zu beschleunigen. Du musst, wie bei allen Problemen, nur methodisch vorgehen. Und die Methode, die du mit deinem Team einsetzt, um die Rüstzeiten zu reduzieren heißt Single-Minute-Exchange-of-Die (SMED). Frei übersetzt: Werkzeug wechseln unter zehn Minuten.

Wie der Reifenwechsel bei der Formel 1 besteht, auch der Rüstvorgang der Plastmaster 2000 aus vielen einzelnen Aktivitäten. Je besser du und das Team diese Abfolge verstehen, desto genauer könnt ihr auch sagen, wo und wie die Minuten beim Rüsten der Plastmaster 2000 verschwendet werden. Darauf basierend könnt ihr anschließend eine ideale Abfolge der einzelnen Handgriffe festlegen.

Beim nächsten Werkzeugwechsel bist du deshalb pünktlich mit deinem Team an der Plastmaster 2000 präsent, um dir den 124-min-Vorgang genau anzuschauen. Nach dem Motto „analysieren geht über spekulieren" startest du mit deinem Team die Bestandsaufnahme.

Rüstschritte der Plastmaster 2000 aufnehmen

				Zeitbedarf in Min.	Intern zwingend?	Extern möglich?
Vorbereitung (Extern)		1	Studium Arbeitsplan	8		
		2	ENDE SERIE „DÜSE GRÜN"	-		
Umbau bei Stillstand (Intern)		3	Granulat aus dem Lager holen	10		
		4	Werkzeug im Lager holen	10		
		5	Reinigung Werkzeug	7		
		6	Gabelschlüssel 8,10,15 bereitstellen	3		
		7	Imbusschlüssel fehlt, ausleihen	5		
		8	Warten bis Kran frei	10		
		9	Werkzeug mit Kran ausbauen	12		
		10	Neues Werkzeug mit Kran anheben	5		
		11	Positionieren und festschrauben	15		
		12	Schläuche anschrauben (Einer defekt)	10		
		13	Ersatzschlauch im Lager holen	8		
		14	Ersatzschlauch montieren	6		
		15	Maschine hochfahren	10		
		16	Testteile produzieren und prüfen	5		
		17	Justieren, Testteile produzieren	5		
		18	Freigabe der Produktion im ERP	3		
Nachbereitung (Extern)		19	START SERIE „GRIFFSCHALE ORANGE"	-		
		20	Q-Dokument ausfüllen	7		

Zeitbedarf Total in Min.	
Intern	124
Extern	15

Ausgerüstet mit Papier, Bleistift und einer Stoppuhr bist du bereit und wirst gespannt die einzelnen Prozessschritte aufnehmen. Der Maschinenbediener startet mit dem Rüstprozess. Auch wenn du ihn jetzt mit Fragen löchern willst, halte dich da zurück. Er sollte möglichst ungestört und wie gewohnt arbeiten. Denn wenn er dir während der Aufnahme auch noch den ganzen Prozess erklärt, würde deine Zeitaufnahme verfälscht werden. Du beobachtest den Maschinenbediener und notierst für jeden Schritt was vor sich geht und den Zeitbedarf. Es ist gar nicht einfach den Rüstvorgang in sinnvolle, logische Teilprozesse zu trennen, wenn man ihn zum ersten Mal beobachtet. Für die Methode ist diese Unterteilung jedoch wichtig. Wie alles im Leben erfordert auch die Aufnahme eines Rüstvorgangs Übung.

Am Ende des Prozesses hast du 20 Arbeitsschritte während 139 min beobachtet. Dabei stand die Anlage 124 min still. Jetzt, wo du den Prozess aufgenommen hast, geht es um die Verkürzung der Rüstzeit.

Analysieren und organisieren

			Zeitbedarf in Min.	Intern zwingend?	Extern möglich?
Vorbereitung (Extern)	1	Studium Arbeitsplan	8		
	2	ENDE SERIE „DÜSE GRÜN"	-		
Umbau bei Stillstand (Intern)	3	Granulat aus dem Lager holen	10		X
	4	Werkzeug im Lager holen	10		X
	5	Reinigung Werkzeug	7		X
	6	Gabelschlüssel 8,10,15 bereitstellen	3		X
	7	Imbusschlüssel fehlt, ausleihen	5		X
	8	Warten bis Kran frei	10		X
	9	Werkzeug mit Kran ausbauen	12	X	
	10	Neues Werkzeug mit Kran anheben	5	X	
	11	Positionieren und festschrauben	15	X	
	12	Schläuche anschrauben (Einer defekt)	10	X	
	13	Ersatzschlauch im Lager holen	8		X
	14	Ersatzschlauch montieren	6		X
	15	Maschine hochfahren	10	X	
	16	Testteile produzieren und prüfen	5	X	
	17	Justieren, Testteile produzieren	5	X	
	18	Freigabe der Produktion im ERP	3		X
Nachbereitung (Extern)	19	START SERIE „GRIFFSCHALE ORANGE"	-		
	20	Q-Dokument ausfüllen	7		

45 Minuten!

17 Minuten!

Zeitbedarf Total in Min.	
Intern	124
Extern	15

Bei der Formel 1 ist ein Reifenwechsel in zwei Sekunden nur möglich, weil viele Tätigkeiten schon für den Boxenstopp vorbereitet wurden. Keiner wird nach der Ankunft des Rennwagens erst ins Lager schlürfen, um einen Reifen zu holen. Jeder Wagenheber, jeder Reifen, jede Schraubpistole ist bereit und das Team weiß genau, wie jeder Handgriff des Reifenwechsels ablaufen soll.

Im Workshop habt ihr deshalb zunächst gemeinsam geklärt, welche Schritte als Vorbereitung oder Nachbereitung auch bei laufender Maschine durchgeführt werden können. Diese Schritte nennen wir externe Rüstvorgänge. Aktivitäten, die nur bei stehender Plastmaster 2000 erledigt werden können, heißen interne Rüstvorgänge. Alle als extern markierten Rüstschritte verschiebt ihr nun in die Vorbereitungs- oder Nachbereitungsphase. Durch diese rein organisatorische Umstellung der Arbeitsschritte hast du zwar die Arbeitszeit an sich noch nicht reduziert. Trotzdem hast du damit bereits über eine Stunde Produktionszeit der Plastmaster gewonnen und das für jeden Rüstvorgang!

			Zeitbedarf in Min.	Intern zwingend?	Extern möglich?
Vorbereitung (Extern)	1	Studium Arbeitsplan	8		
	3	Granulat aus dem Lager holen	10		X
	4	Werkzeug im Lager holen	10		X
	5	Reinigung Werkzeug	7		X
	6	Gabelschlüssel 8,10,15 bereitstellen	3		X
	7	Imbusschlüssel fehlt, ausleihen	5		X
	8	Warten bis Kran frei	10		X
	2	ENDE SERIE „DÜSE GRÜN"	-		
Umbau (Intern)	9	Werkzeug mit Kran ausbauen	12		
	10	Neues Werkzeug mit Kran anheben	5		
	11	Positionieren und festschrauben	15		
	12	Schläuche anschrauben (Einer defekt)	10		
	15	Maschine hochfahren	10		
	16	Testteile produzieren und prüfen	5		
	17	Justieren, Testteile produzieren	5		
Nachbereitung (Extern)	19	START SERIE „GRIFFSCHALE ORANGE"	-		
	18	Freigabe der Produktion im ERP	3		X
	20	Q-Dokument ausfüllen	7		
	NEU	Werkzeug auf Verschleiss prüfen	3		
	13	Ersatzschlauch im Lager holen	8		X
	14	Ersatzschlauch montieren	6		X

Zeitbedarf Total in Min.	JETZT	VORHER
Intern	62	124
Extern	80	15

Rüstschritte klassieren und optimieren

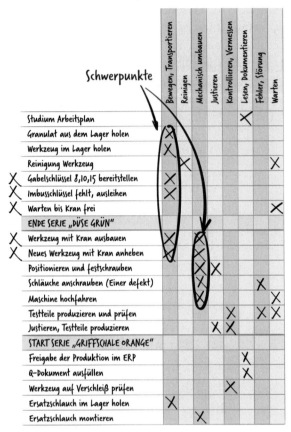

Jetzt geht es darum, den Aufwand für jeden einzelnen Arbeitsschritt zu reduzieren. Auch hier habt ihr im Team jeden Produktionsschritt diskutiert und nach den verschiedenen Tätigkeiten klassifiziert. Durch diese Zuordnung springen die Schwerpunkte gleich ins Auge. Es ist ein entscheidender Schritt auf dem Weg zur Lösungsfindung.

1. **Bewegen und Transportieren** sind Tätigkeiten bei denen Wege zurückgelegt werden, zum Beispiel um Werkzeuge oder Vorrichtungen zu holen.
2. **Reinigen** von Werkzeug, Maschine oder auch Teilen.
3. **Mechanisch** umbauen. Das ist die Kerntätigkeit des Rüstens, zum Beispiel die Verschraubungen des Werkzeugs lösen.

4. **Justieren** des Werkzeugs, damit die Maschine richtig für den Auftrag eingestellt ist.
5. **Kontrollieren** der Teile hinsichtlich Qualität.
6. **Lesen, Dokumentieren** von Qualitätsparametern, Prozessen oder Rückmeldungen im IT-System.
7. **Fehler** beheben: Kleinere Korrekturen oder Veränderungen während des Rüstvorgangs.
8. **Warten** bis eine Tätigkeit erledigt wurde.

Optimierungsmaßnahmen umsetzen

Jetzt müssen die Zeiten der Rüstschritte reduziert werden. Bei den Lösungen sind der Kreativität keine Grenzen gesetzt. Aber du musst das Rad auch nicht komplett neu erfinden. So hat das Team im Workshop einige gute Lösungen eingesetzt, die auch in die LeanClean-Standards aufgenommen wurden. Während die organisatorischen Änderungen einfach umzusetzen waren, haben die technischen Verbesserungen der einzelnen Schritte einiges an Geld und Zeit gekostet. Ein Rüstwagen wurde eingerichtet, damit die Werkzeuge nicht mühsam zusammengesucht werden müssen. Die Schläuche wurden mit Schnellkupplungen versehen. Kürzere Gewinde sorgen für schnelles Schrauben. Und jeden Handgriff habt ihr in einer Anweisung beschrieben, damit niemand beim Rüsten einen unnötigen Umweg nimmt. Beim nächsten Rüstvorgang stehst du wieder mit der Stoppuhr bereit, um die Wirksamkeit der Maßnahmen zu erheben: 44 min, Weltrekord!

Rüstwagen

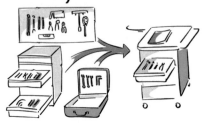

Werkzeuge am Einsatzort

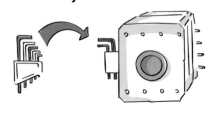

Intelligente Werkzeuge

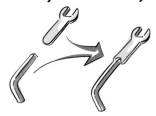

Standard

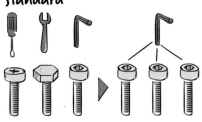

Automatische Werkzeuge

Kurze Schraubwege

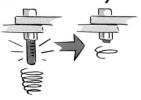

Kupplungen und Schnellspanner

Positionierhilfen

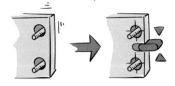

Schlitz statt Bohrung

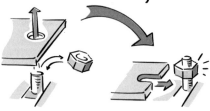

Verbindungen reduzieren

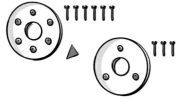

Module bilden

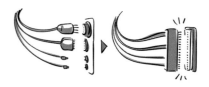

Intelligente Hilfsmittel

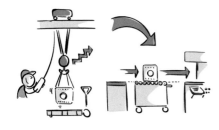

Checklisten immer zur Hand

Selbsterklärende Teile

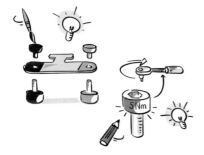

Paralleles Rüsten

Zusammenfassung der SMED-Methode

Das Resultat der Rüstzeitoptimierung bei der Plastmaster 2000 lässt sich sehen. Anfänglich stand die Maschine 124 min still, bis sie für das nächste Teil gerüstet war. Nach vielen Verbesserungen dauert der interne Rüstvorgang nur noch 44 min. Möglich war es durch eine Aufnahme der Ist-Situation und die Analyse der einzelnen Rüstschritte im Team. Organisatorische Maßnahmen zeigten schnell ihre große Wirkung. Mit weiteren Optimierungs-Tricks ließ sich die Zeit weiter reduzieren. 44 min sind ein großartiges Resultat. Was nicht heißt, dass ihr euch nicht noch weiter steigern könnt. Doch je optimierter der Prozess bereits ist, desto schwieriger und intensiver ist es weitere Minuten einzusparen. Umso mehr möchten wir dich und dein Team ermuntern, diese Herausforderung anzunehmen. Der erreichte Zielzustand ist nun die Ausgangslage für euren nächsten Workshop. Schließlich heißt das Ziel: Rüsten unter 10 min!

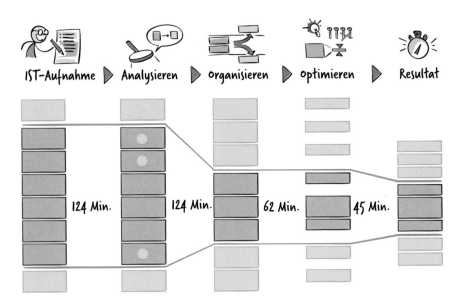

Tipp

1. Beginne immer mit einer detaillierten Aufnahme der Teilschritte des Rüstprozesses.
2. Prüfe immer zuerst, ob Tätigkeiten gemacht werden können, wenn die Maschine noch läuft (externes Rüsten). Verschiebe möglichst viele Tätigkeiten von internem zu externem Rüsten.
3. Nimm dir die im internen Rüsten verbliebenen Tätigkeiten vor und überlege mit welchen Maßnahmen diese verbessert werden können. Die Verbesserung der internen Prozesse sollte im Fokus stehen, da davon auch die Kapazität der Maschine abhängt. Aber auch die Prozesse des externen Rüstens sollen verbessert werden, da sie ebenfalls Aufwand bedeuten.
4. Die Maschinenbediener sind die Rüstexperten und verfügen über ein breites technisches Wissen, das bei der Rüstprozessoptimierung unverzichtbar ist. Daher müssen sie bei SMED immer involviert werden. Höre ihnen gut zu, nimm sie mit auf die Reise der Rüstzeitoptimierung.
5. Starte mit organisatorischen Maßnahmen zur Reduzierung der internen Rüstzeit. Wenn diese ausgereizt sind, geht es an die Technik.

6. Entwickle ein Standard-Template für die Durchführung von SMED. Vor allem die Zeiterfassung und die Kategorisierung sollen standardisiert sein.
7. Bei komplexeren Rüstvorgängen ist es hilfreich ein Video des Rüstvorgangs aufzunehmen. So kannst du dir Details mehrfach ansehen und diese im Workshop diskutieren.

4.5 Methode 12: Lean-Regal

Mit intelligenten Regalen setzt du die Basis für viele Lean-Prinzipien wie FIFO und Trennung von Verschwendung und Wertschöpfung. Entsprechend müssen die Regale entworfen werden. Entnahme von vorne und Bestückung von hinten sind nur eines von vielen Aspekten des Lean-Regals.

Lean-Regale schaffen Ordnung

Jedes Mal, wenn du durch die Produktionshallen der LeanClean AG schreitest, beschleicht dich das Gefühl, dass du in einer düsteren Lagerhalle arbeitest und nicht in einer modernen Produktion. Über die Jahre ist die LeanClean AG kontinuierlich gewachsen. Immer mehr und immer höhere Regale wurden beschafft, ohne einheitlichen Standard und ohne Konzept. Nun ist auch der letzte Winkel mit Regalen vollgestopft. Sie sind hoch, sie sind sperrig und sie sind vor allem ein Sinnbild für hohe Bestände und eine unflexible Produktion. Sie versperren den Überblick in der Produktion und den Mitarbeitern die Sicht. Diese hohen Gestelle sind ein Sinnbild von Trennung und nicht von Gemeinsamkeit. So kann keine Teamarbeit entstehen.

First in – Last out!
Neues Material wird
vor das alte gestellt

Kollision zwischen
Logistik und
Produktion

Nach Entnahme muss
hinterer Behälter von Hand
nachgezogen werden

Auf dem Weg zu einem schlanken Unternehmen werden diese Regale eine Hürde für dich darstellen. Die obersten Ebenen sind nur mit einer Leiter zu erreichen. Da keine eindeutigen Lagerplätze definiert wurden, müssen immer wieder Teile gesucht werden. Auch das FIFO-Prinzip kann nicht eingehalten werden, weil neues Material vor das alte gestellt wird. Die Logistik befüllt und die Produktion entnimmt Material aus dem Regal, und immer von der gleichen Seite. Kollisionen sind vorprogrammiert. Die Lean-Prinzipien kannst du so nicht umsetzen.

Es war dringend notwendig, ein Konzept für ein Standard-Regal bei der LeanClean AG zu entwickeln. Gemeinsam machst du dich mit deinem Team in der Werkstatt daran, einen Prototyp zu bauen. Jede Idee wurde anhand der Lean-Prinzipien gespiegelt. Nach mehreren Optimierungs-schleifen stand ein Konzept fest, das für alle Beteiligten eine ideale Lösung darstellt. Und so sieht das Ergebnis aus:

Regaltiefe:
Mindestens Platz für
zwei Behälter

Zurückversetzte Regale:
Besser einsehbar und
einfacher greifbar

Neigung der Ebenen:
Automatisches Nachrücken
der Behälter

ergonomische
Höhe

Rückgabe
der Behälter

Befüllen von der Rückseite,
Entnahme von der Vorderseite:
FIFO-Prinzip umgesetzt und keine
Kollision zwischen Logistik und Produktion

Ihr habt das neue System in die „LeanClean-Standards" aufgenommen und für den ersten Pilotbereich Regale bereitgestellt.

Sind Regale eine Methode?

Auch wenn du Regale in der Lean-Theorie kaum als Methode finden wirst, haben sie in der Lean-Praxis eine entscheidende Funktion. Das qualifiziert sie aus unserer Sicht als top Lean-Methode. Tatsächlich haben alle Systeme zur Bereitstellung von Teilen, ganz besonders die Regale, einen großen Einfluss bei der Umsetzung der 9 Lean-Prinzipien. Wenn du dir Unternehmen anschaust, die sich schon intensiv mit dem Thema Lean auseinandergesetzt haben, wird dir auffallen, dass in die Konzepte zur Bereitstellung von Teilen viel Gehirnschmalz gesteckt wurde. Nur mit einem durchdachten Regalkonzept können Lean-Methoden wie Kanban erfolgreich umgesetzt werden.

Tipp

1. Leider gibt es nicht für alle Bedürfnisse Standardregale aus dem Katalog. Werde daher selbst kreativ. Nutze die internen Kompetenzen in der Entwicklung, Instandhaltung, Produktion oder dem Werkzeugbau, um das ideale Regel für deine Produktion zu entwerfen.
2. Lege erst Standardbehälter für deine Produktion fest. Das Regal sollte für diese Standardbehälter ausgelegt sein.
3. Baue das Lean-Regal aus modularen Elementen auf. Auf dem Markt gibt es hierfür eine ganze Reihe bewährter Lösungen.
4. Erstelle einen Prototyp und diskutiere das Ergebnis mit allen involvierten Mitarbeitern der Produktion und Logistik. Die Praxis gibt dir neue Inputs, die du in der Planung im Büro übersehen würdest.
5. Gehe die 9 Prinzipien durch und prüfe wie gut dein Regal diese erfüllt.

4.6   Methode 13: Der Milkrun = getaktete Routenzüge

Die Organisation des Materialflusses ist zentral für eine schlanke Produktion. Die getakteten Routen sorgen für eine verlässliche und berechenbare Wiederbeschaffungszeit, indem die Produktion zu festgelegten regelmäßigen Zeiten versorgt wird. Intern als auch extern.

Die erste Route bei LeanClean

Du beobachtest am Montagebereich des Elephants die Teileversorgung. Hier herrscht Hektik. Stapler rangieren in den engen Versorgungsgassen eilig mit Paletten und verschwinden wieder im Lager. Regelmäßig gehen den Mitarbeitern in der Montage Teile zur Neige und die Produktion kommt ins Stocken. Die Produktionsmitarbeiter gehen dann oft selbst ins Lager und versuchen die fehlenden Lieferungen zu beschleunigen. In dieser Zeit können sie nicht montieren, es ist also eine doppelte Verschwendung.

Auch die Türme von leeren Verpackungen fallen dir in der Montage auf. Diese werden erst einmal über die Schicht gesammelt und stapeln sich, bevor sie vor Feierabend ins Lager zurückgebracht werden.

Du siehst, dass die Teileversorgung bei LeanClean alles andere als effizient läuft. Hier gibt es einiges zurecht zu biegen, um die Verschwendung zu beseitigen. Deine Aufgabe ist es deshalb, mit deinem Team Fluss und Takt in die Materialversorgung zu bringen. Wie immer beginnst du deine Arbeit mit einer fundierten Analyse, um die Übersicht in diesem Logistik-Ameisenhaufen zu gewinnen. Wie verlaufen die Transportwege? Woher kommt das Material und wo wird es verbraucht? Wie reduzieren wir Wege in Summe?

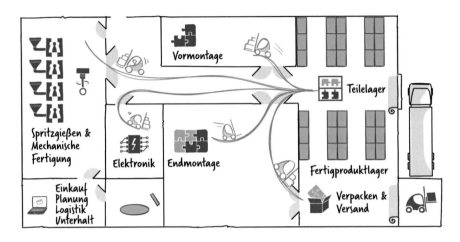

Viele Transporte werden mit dem Stapler durchgeführt, der die Ware jeweils vom Lager aus zum Bestimmungsort fährt und meist leer wieder ins Lager zurückkehrt. Zur Visualisierung des Ist-Zustandes zeichnest du die beobachteten Fahrwege im Hallengrundriss ein. Die sternförmige Logistik vom Lager aus führt zu relativ langen Wegen und einer schlechten Auslastung der Transportmittel. Exakte Liefertermine, wann etwas angeliefert wird, gibt es hier nicht. Wer im Lager anruft und nach dem fehlenden Material fragt, bekommt die Standardantwort: „Bringen wir demnächst!" Und demnächst heißt eine halbe Stunde bis drei Tage. Somit hat die Produktion auch keinerlei Anhaltspunkte, wann sie die Teilelieferung erhalten wird und mit der Montage fortfahren kann. Um das Problem der willkürlichen Lieferzeiten zu entschärfen, plant man bei LeanClean die Versandtermine an Kunden immer etwas später und den Bestand etwas höher.

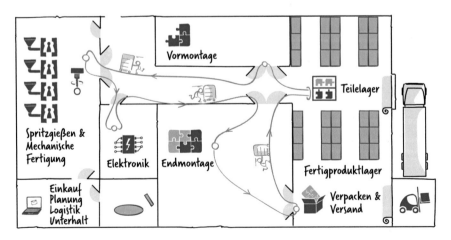

Wie können wir die Transportwege kürzer halten und den Bereichen mehr Transparenz über die Anliefertermine bieten? Auf der Heimfahrt im Bus hast du deinen Heureka-Moment. Der Bus fährt ja die Haltestellen auch nicht sternförmig an, sondern verbindet diese mit einer geschickt gewählten Route. Und die Abfahrtszeiten sind auch bekannt und werden zuverlässig eingehalten. Solche Routen mit einem Taktfahrplan möchtest du auch in der LeanClean verwirklichen. Deine Idee stößt im Team auf offene Ohren.

Tausche leere Milchflasche gegen eine volle...

Im neuen Konzept legt ihr fest, dass die Logistik die festgelegten Halte-stellen zunächst vier Mal pro Schicht beliefert. Das Bild zeigt die Halte-stelle Vormontage. Statt mit einem Stapler, bringt der Logistiker die Ware mit einem Handwagen. Jede Abteilung hat ihre eigene Etage. Minutengenau treffen die Griffschalen aus der Spritzgussabteilung ein und vormontierte Griff-Baugruppen werden aufgeladen und zur Endmontage weitertrans-portiert. Auch die schwindelerregend hohen Stapel mit leeren Behältern gehören der Vergangenheit an. Der Routenzug bringt nicht nur Ware, er nimmt auch gleich die leeren Behälter mit.

Das Prinzip „volle Flasche hinstellen, leere zurück", hat der Legende nach ein britischer Milchmann um 1860 erfunden. Zu Ehren der innovativen Milchlogistiker wird der Routenzug deshalb auch als Milkrun bezeichnet.

Auch wenn der Milkrun somit nicht eure Erfindung ist, für die Logistik in der LeanClean ist er ein Quantensprung. Du und dein Team haben einen echten Kreislauf geschaffen. Die Logistik läuft nun im wörtlichen Sinne rund, im Takt und ohne Leerbehälter-Stau. Zusätzlich kann sich nun der Produktionsmitarbeiter auf seine Kompetenz, das Produzieren, fokussieren. Und der Logistiker kann seine Expertise in der Transportlogistik einsetzten.

Der Milkrun erobert die Zulieferlogistik

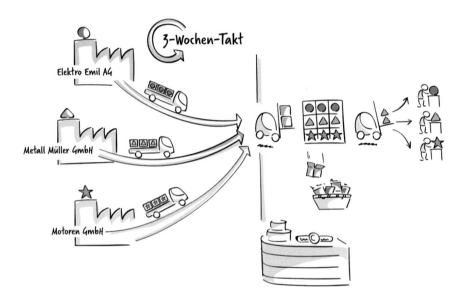

Wie der Ursprung des Milkruns vermuten lässt, kann eine getaktete Route nicht nur in der innerbetrieblichen Logistik funktionieren. Auch in der Beschaffungslogistik (Inbound-Logistik) oder Distributionslogistik (Outbound-Logistik) können getaktete Routen zu erheblichen Effizienzsteigerungen und Einsparungen führen. Du erinnerst dich an die Bestandsanalyse, an der wir festgestellt haben, dass die entscheidenden Teile von vier Lieferanten stammen. Und drei davon stehen quasi um die Ecke. Nähe ist eine ideale Voraussetzung für einen externen Milkrun. Noch schickt jedes Werk für die Belieferung der LeanClean AG seinen eigenen Lastwagen los. Damit der Laster immer schön voll wird, geschieht dies nur alle drei Wochen. Eine gefühlte Ewigkeit für eine Firma wie der LeanClean, welche den Ehrgeiz hat, die Produktion auf Lean zu trimmen.

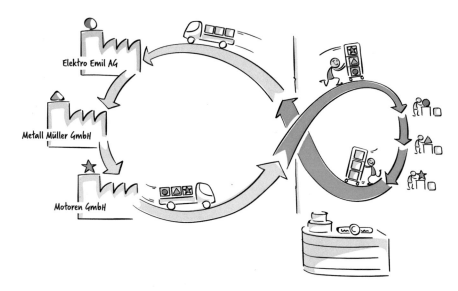

Du und dein Team thematisieren die Logistik gleich mit den drei Lieferanten. Auch sie sind nicht wirklich glücklich mit dem Dreiwochentakt. Schließlich häufen sich auch bei Ihnen Bestände im Warenlager an. Mit eurer Idee, für die drei lokalen Zulieferer einen gemeinsamen Milkrun einzurichten, rennt ihr offene Türen ein. Durch das Bündeln der Logistik kann die Anlieferfrequenz gleich verdreifacht werden. Elektrische Komponenten, Metallwaren und Motoren werden nun wöchentlich angeliefert. Durch den Kreislauf-Charakter kann die externe Logistik zudem auf Mehrwegbehälter umgestellt werden. Euer Aufwand fürs Entsorgen der Kartonverpackungen entfällt und die Umwelt dankt es auch. Die Umsetzung eurer Idee zeigt, dass ihr eine echte Win–Win-Win-Situation geschaffen habt.

Doch das ist erst der Anfang. Mit einer täglichen Anlieferung der Teile könnte sogar das Zwischenlager bei LeanClean eingespart werden. Vom LKW geht's dann, Just-In-Time, direkt die Produktion. Der Milkrun spart dir also nicht nur Bestände und Transportkosten, sondern auch Zwischenschritte und somit Verschwendung durch unnötige Prozesse. Nur wenige Wochen später sind die Mehrwegbehälter beschafft, die Prozesse definiert und der tägliche Milkrun Realität.

Situation VORHER mit den Schritten, die entfallen

Warenfluss mit getakteten Routenzügen

① Warten auf LKW.

② LKW entladen auf Pufferfläche.

③ Leerbehälter einladen.

④ Ware prüfen und einbuchen.

⑤ Ware auf Routenwagen.

⑥ Regal befüllen, Leerbehälter zurück.

⑦ Route abfahren.

⑧ Leerbehälter auf Palette.

Du erinnerst dich an die Handlingsstufen-Analyse, die du noch vor der Milkrun-Ära erfasst hast? Nun brennt dich die Frage, hat der Milkrun wirklich eine Verbesserung gebracht? Erneut machst du dich mit Stoppuhr und Notizblock an den Ort des Geschehens. Nach der Aufnahme darfst du erfreut und ein bisschen stolz feststellen, dass von 14 Handlingsschritten nur noch acht übriggeblieben sind. Den Aufwand konntet ihr beinahe halbieren. Stell doch schon mal das Bier kühl und lade alle Beteiligten im Projekt ein, um darauf anzustoßen. So ein Erfolg muss gefeiert werden.

> **Tipp**
>
> 1. Mache dir vor der Einführung der getakteten Routen ein Bild über die Prozesse zur Materialversorgung. Zeichne die Transportwege im Layout ein und nimm Kennzahlen auf, die den aktuellen Stand spiegeln.
> 2. Starte mit einem Pilotprojekt zur internen Belieferung. Lege die Haltestellen fest und zeichne die neue Route im Layout ein.

3. Definiere die Frequenzen, in der die Runden abgefahren werden.
4. Wenn die internen Routen stabil laufen, wage dich an die externen Milkruns.
5. Analysiere die Standorte deiner Top-Lieferanten und prüfe, ab welcher Anlieferfrequenz ein Rundverkehr ausgelastet wäre.
6. Bewerte die Vorteile des Milkruns durch eine Handlingsstufen-Analyse im Ist- und Sollzustand. Rechne nach und frage dich, wie viel du bei den Bestandskosten, beim Transport und der Verpackung bei einem Milkrun einsparen kannst.

4.7   Methode 14: Kanban

Mit Kanban kannst du die Materialbereitstellung nach dem Pull-Prinzip organisieren. Bei Verbrauch einer bestimmten Menge wird ein Signal direkt an den zu liefernden Bereich zur Wiederbeschaffung gesendet. So wird der Nachschub dezentral und schnell organisiert. Die Kanban-Karte ist ein gängiges Mittel, um dieses Signal mit allen notwendigen Informationen zu übermitteln.

Von „Push" auf „Pull"

Nachschub bitteschön!

Die zentrale Produktionsplanung in der LeanClean AG versucht für jeden Arbeitsplatz zur richtigen Zeit das richtige Material bereitzustellen. Für die Spritzgussanlage das Granulat, in der Vormontage die Griffschalen, Schalter und Schrauben und in der Endmontage sind es viele weitere Teile, die zur richtigen Stunde für jeden einzelnen Auftrag bereitgestellt werden müssen.

In der Theorie funktioniert die Steuerung über einen zentralen Plan. In der Praxis scheitert dieser Ansatz nach dem Push-Prinzip auch bei LeanClean großartig.

Der Plan   Die Realität

Maschinenstörungen, Krankheitsausfälle, fehlende Teile oder Eilaufträge werfen den akribisch ausgearbeiteten Plan über den Haufen. Die Folge dieser Verwirbelung des Plans durch die realen Ereignisse sind höhere Bestände und dennoch verschobene Kundentermine. Aber was genau passiert bei der Push-Steuerung? Werfen wir einen Blick darauf, wie die Planung und Steuerung heute bei der LeanClean AG funktioniert und welche Probleme die Push-Steuerung mit sich bringt.

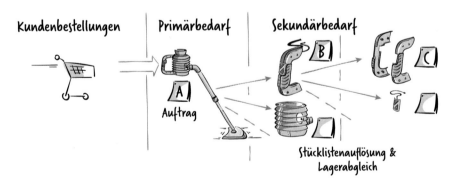

Die Planung beginnt mit der Ermittlung des Bruttobedarfs. Dabei wird die Antwort auf die Frage gesucht, wie viele Geräte in der kommenden Periode wohl verkauft werden. Diese Schätzung basiert auf konkreten Kundenbestellungen, aber auch auf einer geschätzten Vertriebsprognose. Vom Bruttobedarf werden die noch verfügbaren Lagerbestände abgezogen und es resultiert der Nettobedarf, also die Anzahl der zu produzierenden Geräte.

Es geht erst einmal um die Planung der Geräte selbst. Daher reden wir vom Primärbedarf. Der Netto-Primärbedarf der zu produzierenden Elephants beträgt 4000 Stück Orange, 2000 Stück Blau und 2000 Stück Grün. Um diesen Bedarf zu decken, müssen nun Fertigungsaufträge erstellt und deren jeweilige Bearbeitungsdauer berechnet werden. Dann gilt es dies mit der aktuellen Kapazität in der Produktion abzugleichen und die Aufträge in die freien Zeitfenster einzuplanen.

Damit die Termine für den Primärbedarf bestimmt werden können, müssen auch die Einzelteile des Elephants, der sogenannte Sekundärbedarf, geplant werden. Denn auch jede Griff-Baugruppe, jedes Gehäuseteil und jede Elektronikkomponente des Elephants muss rechtzeitig produziert, vormontiert und pünktlich für die Endmontage bereitstehen. Dafür wird die Stückliste in ihre Einzelteile aufgelöst. Baugruppen wie der Griff werden wiederum in ihre Bestandteile zerlegt: Griffschale links, Griffschale rechts, Schalter, Anzeige und Schrauben. Wenn es nichts mehr zu zerlegen gibt, ist die Brutto-Sekundärbedarfsplanung erledigt. Die Produktionsmenge, den sogenannten Netto-Sekundärbedarf, ermitteln wir unter Berücksichtigung der verfügbaren Lagerbestände. Und letztendlich müssen all diese Teile zum richtigen Termin produziert oder eingekauft werden.

Der Plan

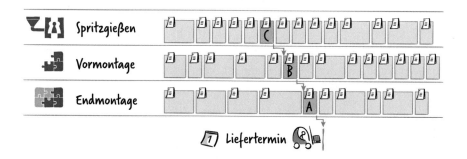

Einige Abteilungen wie die Spritzgussproduktion stellen nicht nur Teile für den Elephant her. Die Termin- und Kapazitätsplanung muss also auch mit Terminen für Aufträge anderer Produkte passen. Bei der Planung spielt also auch noch die Kundennachfrage des Octopus und des Snake hinein. All diese Bedarfe müssen untereinander koordiniert und abgestimmt sein. Ohne Hilfe von IT-Systemen wäre das nicht zu bewältigen. Zum Glück hat die LeanClean ein schlaues ERP-System, das diese Aufgabe meistert. Als Resultat der algorithmischen Knobelei entstehen hunderte miteinander vernetzte Fertigungsaufträge. Vom Termin der Griffschale bis zum Liefertermin, der dem Kunden versprochen wurde, ist für die kommende Periode alles genau durchgetaktet. Was kann da noch passieren?

Willkommen in der Realität

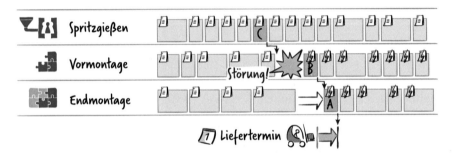

Der Plan steht, doch alle Termine hängen schicksalhaft voneinander ab. Die Änderung des einen Termins löst eine komplizierte Kettenreaktion aus. Gründe für Terminänderungen von Aufträgen gibt es in der LeanClean AG ausreichend: Fehlende Teile, Krankenstand, Eilaufträge, Anlagenausfälle oder Qualitätsprobleme. So ist's dieses Mal ein kranker Werker in der voll ausgelasteten Vormontage, der den akribisch ausgearbeiteten Plan über den Haufen wirft. Das verzögert nicht nur die nachfolgenden Aufträge. Die Griffschalen wurden bereits produziert und können nun nicht planmäßig verbaut werden. In der Vormontage ist kein Platz, dort können sie nicht bleiben. Deshalb müssen die Teile ins Lager transportiert und dort eingelagert werden. Dies erfordert zusätzliches Handling und belastet das zum Bersten volle Lager zusätzlich.

Auf der Planungsseite müssen all die hinfälligen Termine für alle Abteilungen und alle Teile in einem weiteren Rechenlauf neu kalkuliert werden. Wir hoffen sehr, dass diesmal alles nach Plan läuft und kein Krankheitsfall oder Eilauftrag das Kartenhaus zum Einsturz bringt. Ja, die Hoffnung stirbt ja bekanntlich zuletzt.

Nachschub für die Griffe

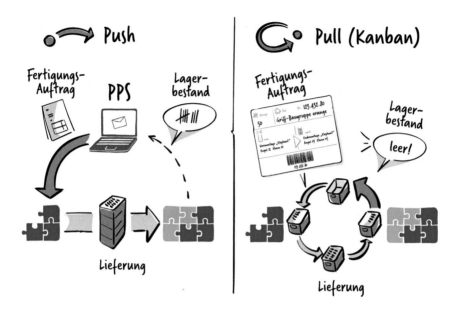

Der Push-Ansatz, bei dem jeder Auftrag zentral erstellt und terminiert wird hat seine Anfälligkeit bewiesen. Was könnte die Alternative sein? Gibt's ein System, das die Produktionsaufträge gleich selbst generiert, sich gemäß Pull an der effektiven Nachfrage orientiert und mit den Überraschungen einer Produktion zurechtkommt? Diese Methode heißt Kanban.

Kanban organisiert die Produktionssteuerung nach dem Pull-Prinzip und macht die Logik für Nachschub für alle transparent und nachvollziehbar. Wenn du Kanban richtig einsetzt, wirst du den Bestand reduzieren, Durchlaufzeiten verkürzen und die Versorgungssicherheit wieder in den Griff bekommen. Apropos in den Griff bekommen: Die Griff-Baugruppe wäre doch ein ideales erstes Kanban-Projekt.

Bei Kanban wird der Produktionsauftrag nicht von einer zentralen Planung gestartet. Die Idee von Kanban besteht darin, dass ein leerer Behälter gleich selbst einen Produktionsauftrag auslöst. Wird in der Endmontage ein Behälter mit Griffen leer, so wird dieser per Milkrun in die Vormontage geschickt. Und in der Vormontage informiert die Kanban-Etikette auf dem Behälter darüber, dass dieser wieder mit Griff-Baugruppen in Orange gefüllt werden will. Dieser Wunsch ist Befehl! Die Vormontage füllt den Behälter unmittelbar auf und reagiert damit direkt auf den Verbrauch. Es gibt Kanban-Systeme, in welchen die Karten vom leeren Behälter abgelöst werden und getrennt von diesem an den Nachfüllort transportiert werden. In unserem System klebt die Etikette fix am Behälter dran. Die Anzahl Karten ist deshalb auch gleich der Anzahl Behälter.

Zwei? Drei? oder zehn Behälter?

Wenn ein Behälter in der Endmontage zur Neige geht, muss selbstverständlich bereits eine volle Kiste als Nachschub bereitstehen. In einem Kanban-Regelkreis zirkulieren also mindestens zwei Behälter. Die Anzahl Behälter muss jedoch für jeden Regelkreis individuell berechnet werden. Sie ist abhängig von der Verbrauchsgeschwindigkeit, der Wiederbeschaffungszeit und der Anzahl Teile pro Behälter.

Zur Berechnung der Anzahl Behälter (nach Schönsleben 2016) gilt für unseren Fall (Kanban wird nach Verbrauch abgegeben) diese Formel:

$$Anzahl\ Behälter\ K = 1 + \frac{Verbrauchsgeschwindigkeit\ V_{max} * Wiederbeschaffungszeit\ t_{max}}{Stückzahl\ pro\ Behälter\ n} * Sicherheitsfaktor\ S$$

oder verkürzt notiert.

$$K = 1 + \frac{V_{max} * t_{max}}{n} * S \text{ wobei } K_{min} = 2$$

Wie viele Kanban-Karten, respektive Behälter, werden nun für den Regelkreis „Griff-Baugruppe Orange" benötigt?

V_{max} ist die maximale Verbrauchsgeschwindigkeit an Griffen. In zwei Schichten, also in 900 min werden in der Endmontage maximal 200 orange Griffe verbraucht.

$V_{max\ orange}$ = 200 Griffe / 900 min = 0,22 Griffe pro min.

t_{max} ist die maximale Wiederbeschaffungszeit. Hier bewährt sich der Routenzug. Er bringt pünktlich alle zwei Stunden (=120 min) neue Griff-Baugruppen, holt die leeren Behälter ab und bringt später die vollen wieder hin (=120 min). Der Transport ist aber nur ein Teil der Wiederbeschaffungszeit. Dazu musst du noch die Zeit rechnen, die fürs Zusammenschrauben der Griffe in der Vormontage notwendig ist. Die Vormontage arbeitet in nur einer Schicht und die Endmontage in zwei Schichten. So müssen wir davon ausgehen, dass die Behälter mit der Kanban-Karte alle zwei Schichten (= 900 min) in der Vormontage nachproduziert wird. Die maximale Wiederbeschaffungszeit ist somit 900 min + 1 20 min + 120 min = 1140 min.

n ist die Menge an Griffen pro Behälter, respektive pro Kanban-Karte. Wie gross du den Behälter wählst, ist von den Platzverhältnissen in der Montage und der Ergonomie abhängig. Du und dein Team haben unterschiedliche Behälter ausprobiert und einen gewählt, in den 50 Griffe passen. Der volle Behälter wiegt knapp 7 kg und ist somit nicht zu schwer. In neuen Standard-Regalen haben alle Behälter für die Griffvarianten in der Zone A Platz. Damit die Griffe ohne Kratzer an den Endkunden gelangen, werden die Behälter mit gepolsterten Einlagen ausgestattet. So kannst du das Problem des Verkratzens der Griffe lösen.

Der letzte Faktor der Kanban-Formel ist **S, der Sicherheitsfaktor.** Je nachdem wie unsicher die Wiederbeschaffungszeit und der Verbrauch ist, sollte ein Sicherheitsfaktor berücksichtigt werden. Da wir bei den Griffen kaum Risiken haben, kannst du mit einem Sicherheitsfaktor von 10 % planen. Je stabiler und geglätteter die Wiederbeschaffungszeit ist, desto kleiner ist dein t_{max} und desto weniger Bestand und Karten brauchst du in einem Kreislauf.

Das ergibt dann für den Regelkreis der orangen Griffe folgende Behälteranzahl:

$$K_{orange} = 1 + \frac{0{,}22\,Griffe/min * 1140\,min}{50\,Griffe/Behälter} * 1{,}1 = 7 \text{ Behälter.}$$

Mit derselben Formel kannst du nun auch die Anzahl Behälter für die Griffe in blau und grün berechnen.

Hier ist der Verbrauch jeweils 0,11 Griffe/min.

$$K_{blau} = 1 + \frac{0{,}11\,Griffe/min * 1140\,min}{50\,Griffe/Behälter} * 1{,}1 = 4 \text{ Behälter.}$$

$$K_{grün} = 1 + \frac{0{,}11\,Griffe/min * 1140\,min}{50\,Griffe/Behälter} * 1{,}1 = 4 \text{ Behälter.}$$

Die Mengen und Behälter sind nun bestimmt. Jetzt musst du die Kanban-Karten gestalten und drucken. Auf die Karte müssen alle notwendigen Informationen für die Nachversorgung drauf: der Artikel, der produzierende sowie zu beliefernde Ort und die Menge pro Behälter. Das Scannen des Barcodes auf der Karte ermöglicht es, die produzierte Menge direkt ins ERP zu buchen.

Das Pilotprojekt für den Griff war schnell umgesetzt und die Vorteile des neuen Systems in der Produktion deutlich spürbar und messbar. Ein Effekt, der zu erwarten war, ist die Bestandssenkung der Griffe. Wenn alle Behälter voll wären, also der Worst-Case für die Bestände, hättest du 750 Griffe (50 Griffe/Behälter *15 Behälter) im Kanban-Regelkreis zwischen Montage und Vormontage. Zur Wertstrom-Aufnahme waren es noch 1629. Die Nachschubsteuerung funktioniert jetzt dezentral und hängt nicht mehr von einer komplexen Terminsteuerung ab. Die Mitarbeiter der Endmontage müssen nicht mehr über fehlende Griffe klagen. Auch in der Logistik sind die Prozesse schlanker geworden, denn dank der direkten Zustellung über die Routenzüge müssen die Griffe nicht mehr im Zentrallager ein- und ausgelagert werden. Das spart unzählige Handlingsschritte, einen Haufen Verwaltungsaufwand und wertvolle Lagerfläche.

Volle Regale wie im Supermarkt

Ähnlich wie Kunden im Supermarkt beziehen die Mitarbeiter die vollen Kisten aus einem Regal. Aus ihrer Sicht sind die Regale immer automatisch befüllt, egal was sie entnehmen. Genau wie es auch bei deinem Supermarkt um die Ecke der Fall ist. Deshalb wird dieses Regal, das dem Verbrauch entsprechend mit Griff-Baugruppen und anderen Teilen versorgt wird, auch in der Produktion als Supermarkt bezeichnet.

Die drei Arten von Kanban

Wie du am Griff-Beispiel sehen konntest, ist das Kanban-Prinzip im Gegensatz zum zentralen, verwaltungsintensiven Push-Konzept denkbar einfach. Wird ein bestimmter Bestand in einem Prozess unterschritten, erhält der Lieferprozess ein Signal zur Wiederbeschaffung. Somit ist sichergestellt, dass das Material stets für den Kunden verfügbar ist.

Diese Kanban-Logik ist sehr flexibel einsetzbar. Du kannst auf diese Weise unterschiedliche Prozesse zur Wiederbeschaffung von Teilen steuern. Wir unterscheiden drei Kanban-Arten:

1. **Produktions-Kanban**
   Diese Art von Kanban haben wir zur Steuerung des Griffs verwendet. Das Kanban-Signal löst zur Nachversorgung einen Fertigungsauftrag aus.
2. **Transport-Kanban**
   Das Teil ist in einem Lager verfügbar und das Kanban-Signal löst einen Transportprozess zur Nachversorgung aus.
3. **Lieferanten-Kanban**
   Das Kanban-Signal löst zur Nachversorgung einen Bestellprozess bei einem Lieferanten aus.

Das Kanban-Signal

Das Signal zur Nachproduktion kann vollautomatisch und digital generiert werden. Zum Beispiel durch eine Waage, welche den Bestand eines Behälters in Echtzeit misst und bei Unterschreiten eines Gewichts das Kanban-Signal sendet. Das Signal kann auch, wie in unserem Beispiel, als Karte am Behälter ausgestaltet sein oder im Extremfall mündlich und auf Zuruf übertragen werden. Jede Signalart muss ideal auf den Prozess abgestimmt werden. Allen Signalarten gemeinsam ist, dass ein Unterschreiten eines bestimmten Bestandes der Auslöser für die Nachversorgung ist.

Das Signal in Form einer Karte ist in der Praxis sehr verbreitet. Sie enthält die Informationen zur Wiederbeschaffung und wird physisch vom Verbrauchsort (Senke) zum Produktionsort (Quelle) transportiert. In einer komplexen Produktion mit sehr vielen Teilen bietet die Karte den Vorteil, dass sie alle notwendigen Informationen über den wieder zu beschaffenden Artikel trägt. Selbst bei vielen tausenden Teilen ist es problemlos möglich mit Kanban-Karten den Nachschub zu steuern. Oft stellt sich in der Praxis noch die Frage, ob die Karte fix mit dem Behälter verbunden bleibt. Da gibt es kein richtig oder falsch. Es hängt von deiner Situation ab. Wichtig ist, dass du dir im Detail überlegst, wie die Karten und Behälter organisiert werden und der Prozess aussieht.

Durch Barcodes oder RFID an der Kanban-Karte kannst du die Buchungen zum Materialfluss im ERP-System digitalisieren und den Prozess beschleunigen. Wird die Kanban-Karte bereits am Verbrauchsort als leer gescannt, erreicht die Information den Nachlieferprozess in Echtzeit und nicht erst, wenn der leere Behälter mit der Karte eintrifft.

Wie sollst du nun loslegen mit deinem Kanban-Prozess? Per einfacher Karte oder mit Barcode und Scanner? Meist ist es ratsam mit einem Karten-system zu starten, um möglichst schnell von den Vorteilen zu profitieren. In einem zweiten Schritt kannst du das System immer noch mit den Möglichkeiten von Barcodes, Scannern und all den digitalen Wundermitteln optimieren.

Wann ist Kanban angesagt?

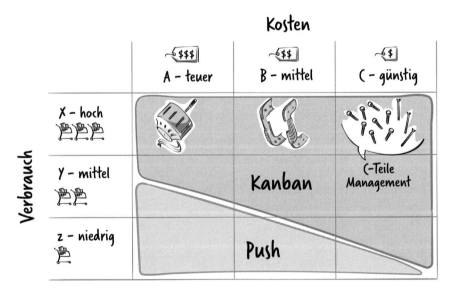

Es gibt Fälle in denen Teile nur selten, im Extremfall gar nur bei einem ein-zigen Spezialauftrag verwendet werden. Es wäre nicht sinnvoll, einen Behälter mit solchen Teilen über einen Kanban-Regelkreis ständig vorzuhalten. Bei welchen Teilen ist also eine Kanban-Steuerung sinnvoll und bei welchen nicht? Du hast in der Bestandsanalyse die Teile nach der ABC-XYZ-Logik klassifiziert. Diese Einteilung kannst du nun heranziehen, um eine Tendenz abzuleiten.

Grundsätzlich sind Teile mit einem hohen und mittleren Verbrauch, also die X- und Y-Teile prädestiniert für einen kontinuierlichen Regelkreis, wie Kanban. Für A-Z, wie zum Beispiel den Greifarm für den Aufräumroboter „Octopus", wäre Kanban die falsche Methode. Der geringe Verbrauch und die hohen Kosten würden dazu führen, dass hohe Werte ungenutzt blieben. Eine bedarfsgesteuerte Bereitstellung per Push ist für diese Teile in der Regel besser.

C-Teile Management

Auf der anderen Seite des Spektrums haben wir günstige Teile, die aber aufgrund der Vielfalt einen großen Aufwand verursachen. Auch Kleinvieh macht Mist, sagt der Volksmund. Und das gilt ganz besonders für Kleinvieh wie Schrauben, Muttern oder Unterlegscheiben, welche zwar wenig kosten, aber administrativ und logistisch einen erheblichen Aufwand verursachen. Hier kommt Kanban in einer speziellen Variante zum Einsatz. Um die Lager klein zu halten könnte man die Schrauben in kleinen Mengen einkaufen. Kleine Mengen heißt häufig bestellen. Schnell übersteigen die Verwaltungskosten, die für jede Bestellung anfallen, den Materialwert. Heißt das Rezept nun große Mengen einzukaufen, am besten gleich einen Jahresbedarf? Das ließe dann unseren Lagerplatz platzen und ist deshalb auch keine Option.

Wen wundert's, dass sich das administrativ schlanke Kanban für kleine C-Teile schnell etabliert hat. Ein externer Partner stellt die Versorgung sicher. LeanClean bezieht seine Kleinteile von der Firma C-Part-Partners. Diese haben in jede Abteilung einen C-Teile-Supermarkt aufgebaut. Die Werker füllen ihre Behälter für den Montageplatz bei Bedarf hier auf. Ist ein Kanban-Behälter leer, so scannt der Werker die Kiste ab, was bei C-Part-Partners gleich eine Bestellung auslöst. Dieser fährt in festen Intervallen die Tour ab und bringt bei der nächsten eine volle Kiste dieser Sorte mit und holt die leere ab. Der C-Teile-Lieferant kann aufgrund seines (sehr) breiten Sortiments und seiner vielen Kunden die Mengen bündeln und die Routen trotz häufiger Anlieferung gut auslasten. Für dich bedeutet dieses Konzept, dass von der Bestellung bis zur Bereitstellung im Regal, alles aus einer Hand abgewickelt wird.

Tipp

1. Starte mit einem Kanban-Pilotprojekt und messe das Ergebnis anhand der Bestände und des Aufwandes für Transport und Kommissionierung.
2. Setze im Pilotprojekt etwas mehr Sicherheit ein und statte den Regelkreis mit mehr Behältern aus, als rechnerisch notwendig wäre. So nimmst du den Mitarbeitern die Angst, dass das Material ausgeht. Wenn sich die Prozesse als stabil erweisen, kann die Anzahl Behälter im Regelkreis später reduziert werden.
3. Alle involvierten Abteilungen und Mitarbeiter, aber auch das Management, müssen die Kanban-Methode verstehen und entsprechend geschult werden. Fehler im Kanban-Prozess können den Materialfluss und die Produktion schnell zum Erliegen bringen, zum Beispiel wenn ein Mitarbeiter einen leeren Behälter erst mit großer Verspätung zurückgibt. Und Expressaufträge aus dem Management können jeden Kanban-Regelkreis in die Knie zwingen.
4. Definiere das Layout, Inhalte und Format der Kanban-Karte und setzte den Standard dafür fest. Versehe die Karte mit einem QR-Code, Barcode oder RFID, um den Buchungsprozess zu automatisieren. Die meisten ERP-Systeme unterstützen die Kanban-Methodik.
5. Definiere klare Zuständigkeiten für den Kanban-Prozess. Ein Kanban-Regelkreis funktioniert nur dann, wenn der Verbrauch V_{max} nie höher ist als festgelegt wurde und die Wiederbeschaffungszeit t_{max} nie überschritten wird. Diese Faktoren müssen überwacht werden. Verändern sie sich, weil sich Verbräuche ändern oder als Folge von längeren Wiederbeschaffungszeiten, musst du die Anzahl an Karten oder die Menge pro Karte anpassen.

4.8   Methode 15: Austaktung

Mit der Methode Austaktung verteilst du die Arbeitsinhalte ideal und nach dem Taktprinzip, um zu einem ausgeglichenen und optimalen OBC zu gelangen.

Austaktung in der Elephant-Endmontage

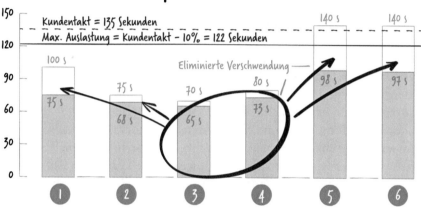

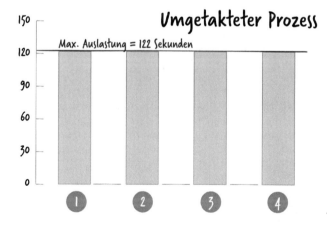

Im Kap. 3 hast du am Operator-Balance-Chart (OBC) in der Endmontage des Elephants viel Verschwendung und eine schlechte Austaktung gesehen. Die Überlastung der Arbeitsplätze 5 und 6 konntest du dank Optimierung der Wege mit Zoning und besserer Organisation durch 5S eliminieren. Alle Schritte arbeiten nun innerhalb der Taktzeit, was nicht heißt, dass sie effizient unterwegs wären. Auch nach der Optimierung sind die Arbeitsplätze sehr ungleich ausgelastet. Der Werker in Schritt zwei verbringt immer noch zu viel Zeit mit Warten und Überproduktion statt mit wertschöpfender Arbeit.

Die Herausforderung für dich und dein Team besteht jetzt darin, die Arbeitsinhalte intelligenter aufzuteilen. Genau das ist das Ziel der Austaktung. Ihr verteilt die Arbeitsinhalte so, dass jede Arbeitsstation möglichst nah an den Kundentakt kommt und diesen dennoch immer einhalten kann. Bei der Austaktung gehst du iterativ vor. Jede Idee für eine bessere Arbeitsverteilung wird im OBC aufgezeichnet, diskutiert und anschließend getestet. Bei erfolgreichem Test werdet ihr die Idee in der Produktion umsetzen. Dies ist aufwendig, denn mit der neuen Aufteilung der Arbeitsschritte muss auch das Material anders bereitgestellt und die Werkzeuge für jeden Arbeitsplatz angepasst werden. So hangelst du dich mit dem Team von Arbeitsinhalt zu Arbeitsinhalt und Verbesserungsidee zu Verbesserungsidee vor. Am Ende steht eine ausgetaktete Endmontage, welche nun nur noch vier statt sechs Arbeitsplätze braucht. Ihr habt mit eurem Projekt ein Drittel wertvoller Ressourcen eingespart, welche die LeanClean AG bei dem rasanten Wachstum dringend in anderen Produktionslinien brauchen kann.

Tipp

1. Die Austaktung ist immer Teamarbeit. Hier sollten die Mitarbeiter der Produktion, aber auch die Abteilungen Logistik und Qualität vertreten sein.
2. Stelle sicher, dass ein neutraler Moderator die Workshops leitet. Sonst läuft ihr Gefahr, dass euer Team sich in Detaildiskussionen verheddert und nicht zum Ziel kommt.
3. Es ist nicht möglich, gleichzeitig das Tagesgeschäft zu erledigen und an einem Austaktungs-Workshop mitzuwirken. Jedes Teammitglied, das sich im Workshop engagiert, muss von allen anderen Aufgaben entbunden sein.
4. Starte am ersten Tag des Workshops mit einer Schulung über Verschwendung und Prinzipien, damit alle vom Gleichen reden.
5. Teste Ideen zur Austaktung so realitätsnah wie möglich. Improvisiere dabei Betriebsmittel, Regale oder Wagen, die du zur Umsetzung der Idee brauchst, aber noch nicht hast. Nutze dabei Karton, Klebeband, Holzlatten oder was du sonst gerade zur Hand hast.
6. Nicht immer kannst du die Umsetzung innerhalb des Workshops abschließen. Erstelle einen Maßnahmenplan, um die offenen Punkte zu verfolgen.

4.9 Methode 16: Set-Bildung

Mit Sets kannst du die Teileversorgung intelligent bündeln und den Bestand im Bereich der Wertschöpfung in Grenzen halten. Anstatt einzelner Teile, wird in der innerbetrieblichen Logistik ein ganzes Set transportiert. So wird die Logistik effizienter und die Laufwege für den Werker kürzer.

Das Octopus Set

Der Elephant ist im Vergleich zum Octopus ein relativ einfaches Produkt mit wenigen Teilen. Behälter mit Griffen, Motoren oder Gehäusen können direkt am Arbeitsplatz bereitgestellt werden. Beim Octopus hingegen, mit seinen fünf Funktionen würden die zahlreichen Teile viel Fläche einnehmen. Um die Komponenten für fünf Arme zusammenzusuchen, müsste der Werker lange Wege abschreiten.

Set für Endmontage

Die Idee hinter der „Set-Bildung" besteht darin, dass die Logistik einen Bausatz mit den teuersten und größten Teilen (Kategorie A und B) für den Octopus zusammengestellt. Kleinteile und Schrauben sind hier ausgenommen, da sie ohnehin wenig Platz in der Montage in Anspruch nehmen.

Über einen Kanban-Regelkreis könnten sie dann diese Sets der Produktion zur Verfügung stellen. Neben der Reduktion von Suchzeiten und Wegen kann auch das Risiko gesenkt werden, dass falsche Teile verbaut werden.

Bleibt eine Frage, die im Zusammenhang mit Set immer wieder gestellt wird: Sind die Wege und Verschwendung nun nicht einfach auf die Logistik gewälzt worden? Kann der Logistiker nicht genauso das falsche Teil in das Set legen?

Das stimmt. Aber nur teilweise. Der Aufwand für die Logistik steigt zwar, die Einsparungen fallen aber immer noch stärker ins Gewicht. Ein Logistiker kann nämlich auch mehrere Sets gleichzeitig rüsten, das heißt weniger Suchen und Handling fürs einzelne Teil. Zudem kann das Layout im Supermarkt genau auf die Set-Bildung optimiert werden, was am Montagearbeitsplatz nicht möglich wäre. Einmal mehr verwirklicht die Set-Bildung auch das Prinzip der Trennung von Wertschöpfung und Verschwendung.

Tipp

1. Nutze die Set-Bildung, wenn der Platz für die Materialbereitstellung zu Laufwegen im Wertschöpfungsbereich führt. Sets machen vor allem Sinn, wenn viele und auch große Teile im Spiel sind.
2. Stelle ein Set dieser Teile zusammen und simuliere den Montageprozess.

3. Wenn sämtliche Teile im Set von *einem einzigen* Lieferanten kommen, kann das Set idealerweise schon von diesem zusammengestellt und komplett geliefert werden.
4. Wenn die Teile von verschiedenen Lieferanten stammen oder intern produziert werden: Konzipiere und teste eine Anordnung im Supermarkt, welche die Kommissionierung des Sets optimal unterstützt.
5. Messe die Zeit für die Zusammenstellung eines Sets im Logistik-Supermarkt und vergleiche diese mit der Zeit, welches in der Montage fürs Zusammenstellen eines Sets benötigt wird. Stelle anschließend die Kosten der Set-Bildung den Einsparungen in der Montage gegenüber.

4.10 Methode 17: Sequenzierung

Die Sequenzierung ist die Reihenfolgeplanung der Aufträge. Mit der Sequenzierung kannst du die Teile in einer zuvor festgelegten und idealen Reihenfolge bereitstellen. Dadurch werden nur die Teile vorgehalten, die auch gebraucht werden. Notwendigerweise in der richtigen Qualität. Dadurch erreichst du Fluss, und vermeidest eine künstliche Hektik.

Eine glückliche Verkettung von Bestellungen

Durch Set-Bildung haben du und dein Team eine weitere Verschlankung der Produktion umgesetzt. Doch ihr habt nicht lange Zeit, euch auf euren

Lorbeeren auszuruhen. Die Konsumenten und die Fangemeinde des Octopus verlangen zusehends mehr als ein Gerät in Standardkonfiguration und in der Einheitsfarbe Orange. Die Farbpalette soll auf 10 Farben ausgebaut werden. Zudem sollen drei Zusatzfeatures per Online-Shop konfiguriert werden können. An der World-Cleaning-Show in Las Vegas werden die sehnlichst erwarteten Zusatzfeatures der Presse vorgestellt. Neu im Angebot ist der Wischmopp für glänzende Böden, der Kochtopf-Schrubber fürs Reinigen von verkohlten Pfannen und der Geigenroboter mit Stradivari-Qualitäten, welcher jedes Candlelight-Dinner mit romantischen Vivaldi-Klängen beglückt.

Trotz all den technischen Raffinessen und innovativen Funktionen: der Preis ist auch hier unter Druck und die Ansprüche an eine schnelle Lieferzeit hoch. Deshalb werden du und dein Team mit der Aufgabe betraut, ein Logistikkonzept für diese variantenreiche Fertigung aufzubauen.

Eine klassische Bereitstellung des Materials in der Montage habt ihr geprüft. Doch schnell wurde klar, dass die Ausführung in 10 Farben mit drei verschiedenen Zusatzfeatures zu 30 verschiedenen Sets führen würde. Undenkbar, all diese Set-Varianten in der Endmontage per Kanban bereitzustellen. Zu viel Platzbedarf, zu lange Wege und zu viel Bestand wäre die Folge – Verschwendung, die wir doch so eifrig bekämpfen.

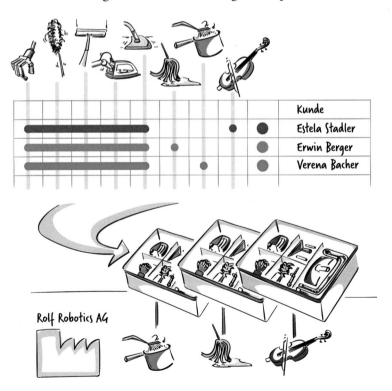

Euer Ansatz ist deshalb eine Kombination aus One-Piece-Flow und Set-Bildung. Jede Bestellung geht zum Octopus-Supermarkt. Dort wird das Set von der Logistik mit den fünf Standardfunktionen in der gewünschten Farbe gerüstet. Nun stellt sich dir und deinem Team die Frage, wie ihr die Zusatzfeatures bereitstellen könntet, welche alle drei von Rolf Robotics geliefert werden: ins Set rein oder könnten die Teile vielleicht direkt, in Sequenz, in die Endmontage angeliefert werden?

Just-In-Sequence (JIS)

Statt jedes Teil getrennt und sortenrein ans Lager zu legen, sollen die Teile direkt, in der richtigen Reihenfolge, so wie die Kundenbestellungen eingegangen sind, in die Produktion geliefert werden. Da Rolf Robotics das richtige Feature, also Wischmopp, Kochtopf-Schrubber oder der Geige in der richtigen Farbe erst bereitstellen muss und ein weiterer Tag vergeht, bis die Lieferung bei der LeanClean AG eintrifft, muss die Plan-Reihenfolge zwei Tage im Voraus eingefroren werden. Diese Reihenfolge darf danach nicht mehr kurzfristig umgestellt werden (auch vom Management nicht), wenn die Sequenzierung funktionieren soll.

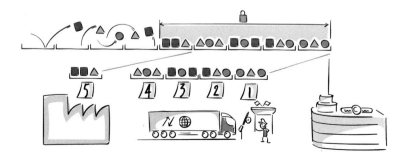

Je stabiler dein Prozess läuft, desto länger schaffst du es die Sequenz „einzufrieren", also fest nach der vordefinierten Reihenfolge zu arbeiten. Das gibt deinen Lieferanten mehr Vorlaufzeit und ermöglicht auch den entfernten Werken mit langen Transportwegen nach dem Just-In-Sequence-Prinzip anzuliefern. Damit erschließt sich dir ein großes Potenzial.

Nicht aus der Reihe tanzen!

Die Sequenzierung führt zum radikalen Abbau von Beständen und Verschwendung. Sie stellt aber auch hohe Anforderungen an die Prozessstabilität. Fehlteile und Qualitätsprobleme können deiner Plan-Reihenfolge einen Strich durch die Rechnung machen. Verschiebt sich die Sequenz der Zulieferung zur Reihenfolge der Montage nur um einen Takt, so wird die Konfiguration von Sarah Wetter auf das Octopus-Gehäuse von Erwin Berg montiert. Ein Riesen-Chaos, welches Kosten, Überstunden und Lieferverzögerungen mit sich brächte. Das bedeutet, dass du absolute Prozessstabilität sicherstellen musst, um eine Produktion in Sequenz zu ermöglichen. Eilaufträge dazwischen quetschen ist hier nicht nur unerwünscht, sondern streng verboten. Daher ist bei der Methode Sequenzierung, noch mehr als bei den anderen Lean-Methoden, das Verständnis und Commitment aller Mitarbeiter auf allen Ebenen notwendig.

Wann ist Sequenzierung angesagt?

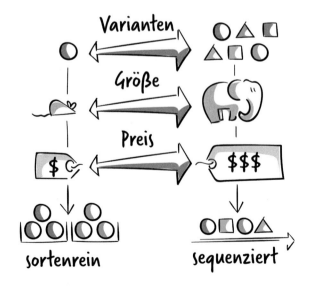

Die Sequenzierung ist die konsequente Weiterentwicklung des 5R-Prinzips: Also die Bereitstellung des richtigen Teils, in der richtigen Qualität, zur richtigen Zeit, in der richtigen Menge, am richtigen Ort. Viele Prozesse arbeiten in Losen und ein nachträgliches Ordnen der verschiedenen Teile-Varianten in eine Sequenz ist mit Aufwand verbunden. Sequenzierung rechnet sich vor allem für teure und große Teile mit hohem Verbrauch und vielen Varianten, die am gleichen Arbeitsplatz verbaut werden. Der Octopus ist mit seinen vielen Farben und den drei Konfigurationsmöglichkeiten somit prädestiniert für eine Just-In-Sequence Bereitstellung. Sequenzierung ist in Kombination mit Setbildung möglich. Dann kann das Set in der richtigen Sequenz für das richtige Produkt kommissioniert werden. Wie unser Beispiel zeigt, bietet es sich aber auch an einzelne Teile, wie das Zusatzfeature, in Sequenz von einem Lieferanten anzuliefern.

Tipp

1. Sequenzierung erfordert stabile Prozesse. Wenn noch regelmäßig Fehlteile oder eine hohe Fehlerquote anfallen, wird die Sequenzierung schwierig.
2. Identifiziere anhand einer Bestandsanalyse große Teile mit vielen Varianten und hohem Lagerbestand. Das sind potenzielle Kandidaten für die Sequenzierung.
3. Stelle die geplante Reihenfolge der Produktion auf und messe deren Einhaltung über mehrere Wochen. Arbeite an der Reihenfolgestabilität bis sie ein ausreichend hohes Niveau erreicht.
4. Rechne aus, welche Kosten sich durch Sequenzierung einsparen ließen und welche zusätzlich entstehen würden.
5. Stelle die Sequenz intern durch Kommissionierung in einem Supermarkt oder schon direkt beim Lieferanten her.

4.11 Methode 18: A3

Strukturiertes Problemlösen ist entscheidend für den Erfolg von Lean. Die A3-Methode gibt dir diese Struktur auf einem A3-Blatt vor. So bringst du System und Transparenz in den Problemlösungsprozess in allen Bereichen des Unternehmens.

Der Fall Weichkomponente

Je stärker du die Lean-Philosophie in deinem Unternehmen lebst, desto mehr Probleme, aber auch Ideen zur Verbesserung kommen an die Oberfläche. Einige Ideen, wie zum Beispiel Kennzeichnungen im Rahmen eines 5S-Workshops, kannst du ohne großen Aufwand sofort umsetzen. Du wirst aber auch auf komplexere Probleme stoßen, deren Ursache tief vergraben liegen. Erst wenn du diese ans Licht bringst, kannst du eine Lösung finden. Hier hilft dir ein strukturierter Problemlösungsprozess.

Probleme systematisch lösen

Ein einfaches A3-Blatt mit vorgegebener Struktur kann dich vor vorschnellen Aktionen und unstrukturiertem Handeln bewahren. Sieben Schritte führen dich von der Analyse bis zur Lösung und deren Bewertung.

1. Hintergrund	5. Gegenmaßnahmen
Was, Wo? Abteilung, Maschine Bauteil, ...	Sofortmaßnahmen! Langfristige Maßnahmen!
2. Problembeschreibung	
Faktenlage: Wie, Wann? Kennzahlen? Prozess?	
3. Zielzustand	6. Umsetzung
Beschreibung, Kennzahlen, Prozess	Aktivität? | Wer? | Termin?
4. Ursachenanalyse	7. Kontrolle
Mensch? Maschine? Material? Methode? Umwelt?	Wirkung? Ergebnis? Ziel erreicht?

Hintergrund
Bevor wir uns mit dem Problem beschäftigen, definieren wir kurz den Kontext. Wo tritt das Problem auf, an welchem Bauteil und welcher Maschine? So stellen wir sicher, dass sich alle Beteiligten gedanklich am selben Ort befinden.

Die Problembeschreibung
Der Startpunkt jeder Problemlösung ist eine *genaue* Beschreibung des Falls. Was passiert wann? Hier geht es um eine genaue Beschreibung des Problems, untermauert mit Zahlen, Daten und Fakten. Auch eine genaue Beschreibung des Ist-Prozesses gehört hier dazu.

Zielzustand definieren
Während sich das Team nun einig ist, was schiefläuft, bedarf es auch einer Klärung, wie der Zielzustand aussehen soll. Das klingt banal, was nicht heißt, dass es unwichtig ist.

Ursachenanalyse
Jetzt sind das Problem und der Prozess so präzise beschrieben, dass es einige Verdachtskandidaten gibt. Ein paar heiße Spuren bei der Suche nach dem

Täter sind menschliche Fehler, Störungen an der Maschine, Mängel am Material, Irrtümer in der Methode oder subtile Umwelteinflüsse. Um deinen Verdacht zu erhärten, suchst du nach Indizien und Beweisen. Jetzt geht es ans Bohren, denn die Ursache liegt selten an der Oberfläche, sondern ist meist tief im Dunkeln vergraben. Hartnäckiges Fragen nach dem Warum führen dich zur wahren Ursache oder gar mehreren Ursachen für die Störung.

Gegenmaßnahmen/Umsetzung

Jetzt sind die Ursachen klar und ihr könnt geeignete Gegenmaßnahmen diskutieren. Und da Ideen wirkungslos sind, wenn sie nicht umgesetzt werden, definiert ihr auch wer diese Maßnahmen bis zu welchem Termin umsetzen soll.

Kontrolle

Eine Aktivität führt nicht zwingend zur gewünschten Wirkung. Um zu überprüfen, ob eure Maßnahmen das Problem beheben konnten, evaluiert ihr das Ergebnis nochmals gründlich. Wenn's wie gewünscht funktioniert hat, dann gratulieren wir herzlich! Und wenn sich keine Verbesserung eingestellt hat, geht's zurück auf Feld vier: Ursachenanalyse, Gegenmaßnahmen, Umsetzen und erneut kontrollieren. Möge euch das Glück diesmal wohlgesonnen sein.

Haftbefehl für die Weichkomponente am Griff

Eines der ersten und wichtigsten Probleme, die du in der Pareto-Analyse aufgedeckt hattest, ist, dass die Weichkomponente an der Griffschale sich mit wenig Kraftaufwand ablösen lässt. Diesem Problem willst du mit deinem Team tiefer auf den Grund gehen und ihr macht euch zunächst ein Bild vor Ort. Ein Mitarbeiter der Spritzgussabteilung ist sich sicher: „Seit fünf Monaten haben wir einen neuen Billig-Lieferanten für das Granulat. Seitdem treten auch die Probleme vermehrt auf. Qualität hat eben Ihren Preis".

Was sollt ihr nun tun? Einfach schnell den Lieferanten tauschen?

Um der Versuchung zu widerstehen, vorschnell Schlüsse zu ziehen und in ziellosen Aktionismus zu verfallen, entscheidet ihr euch für eine Problemlösung mithilfe der A3-Methode.

1. Hintergrund

Maschine: Plastmaster 2000
Bauteil: Griffschale,
Weichkomponente

2. Problembeschreibung

Weichkomponente am Griff lässt
sich leicht ablösen. 39% Ausschuss.

3. Zielzustand

Auschuss aufgrund Weichkomponente bis
Dezember auf unter 20% reduzieren.

4. Ursachenanalyse

Granulat: Lieferant hat gewechselt.
Werkzeug: Ist verschlissen.
Maschine: Temperatur schwankt.
Umwelt: Luftfeuchtigkeit oft über 65%.

5. Gegenmaßnahmen

Qualitätskontrolle des Granulats durchführen.
Werkzeug warten und Wartungsplan anpassen.
Temperaturverlauf an der Plastmaster
überprüfen und Regler neu einstellen.
Luftfeuchtigkeit auf 50%-60% halten.
Entfeuchter installieren.

6. Umsetzung

Aktivität?	Wer?	Termin?
Granulat	Franz	31. März
Wartung Werkzeug	Werner	31. März
Temperaturregelung	Nina	7. April
Entfeuchter install.	Bernd	30. April

7. Kontrolle

	Veränderung Ausschuss
Granulat	-0%
Wartung Werkzeug	-5%
Temperaturregelung	-40%
Entfeuchter install.	-55%

In einem Workshop definiert ihr den Hintergrund, sammelt Fakten zur Problembeschreibung und einigt euch auf den Zielzustand, dass ihr den Ausschuss aufgrund der Weichkomponente bis Dezember auf unter 20 % reduzieren wollt. Ihr diskutiert mögliche Ursachen und legt vier Hauptverdächtige fest: Das Granulat, das Werkzeug, die Maschinentemperatur oder die Luftfeuchtigkeit kommen als Übeltäter infrage. Die Gegenmaßnahmen sind dank der gründlichen Vorarbeit schnell getroffen und die Verantwortlichen für die Umsetzung sind mit Termin schwarz auf weiß notiert.

Vier Wochen später trefft ihr euch wieder und statt Vermutungen habt ihr nun Zahlen zu euren Maßnahmen. Der Granulathersteller ist entlastet und auch das Werkzeug ist nur geringfügig schuld. Die Einstellung der Temperaturregelung konnte das Haftungsproblem zur Hälfte lösen. Die andere Hälfte des Erfolgs darf die neue Luftentfeuchteranlage auf sich verbuchen. So habt ihr ein nerviges und teures Problem aus der Welt geschafft. Strukturiert, effizient und für alle Beteiligten immer transparent. Respekt!

> **Tipp**
> 1. Struktur ist zentral zur Lösung von Problemen. Es ist nicht damit getan, das Potenzial einfach auf einer Liste festzuhalten. Verantwortliche müssen definiert und die Wirkung der Maßnahmen überprüft werden. Nur so gelingt es, die Projekte erfolgreich umzusetzen. Nutze die A3-Methode, um Struktur in die Problemlösung zu bringen.
> 2. Mache die A3-Reports allen Beteiligten zugänglich. So hat jeder einen guten Überblick über den Stand der laufenden Aktivitäten.
> 3. Ein Training zur A3-Methode wirkt Wunder. Du brauchst aber hierfür kein tagelanges Training zu planen. Zusätzlich kannst du die Mitarbeiter beim ersten Anwenden von A3 methodisch unterstützen.
> 4. Schone die Ressourcen deiner Firma und starte nicht alle Initiativen und Projekte auf einmal. Übertriebener Aktionismus und zu viele offene Baustellen führen schnell zu Ermüdungserscheinungen und Frustration in der Organisation. Wähle ein paar wenige, wichtige Projekte aus und führe diese zum Erfolg. Das gibt wieder Energie für neue Herausforderungen.

4.12 Methode 19: Poka-Yoke

Poka-Yoke geht davon aus, dass Menschen Fehler machen. Es zielt darauf ab, Leitplanken einzubauen, damit Fehler schnell bemerkt werden oder gar nicht erst entstehen können.

Der falsch montierte Motor

Die Qualitätssicherung hat die Montagefehler des letzten Monats für den Elephant erhoben. Mit 23 Fällen schaffte es der Fehler „Motorkabel verkehrt angeschlossen" auf Platz eins der Fehlerstatistik. Erst in der Endprüfung stellte sich jeweils heraus, dass sich der Motor aufgrund des verkehrt montierten Steckers in die falsche Richtung drehte. Das mutierte unseren Staubsauger zum ultimativen Laubbläser. Das mag zwar auch nützlich sein und könnte eine Inspiration für die nächste Produktentwicklung sein, für unsere Produktion war es aber nur teuer, stressig und brachte die Montage durch die viele Nacharbeit aus dem Takt. Du und dein Team sagen diesen Flüchtigkeitsfehlern den Kampf an.

Poka-Yoke für den Motor-Stecker

Poka-Yoke heißt aus dem Japanischen übersetzt „unglückliche Fehler vermeiden" und ist eine Methode aus dem Toyota-Produktionssystem. Bei unserem verkehrt angeschlossenen Motorkabel könnten zwar auch Maßnahmen im Prozess, wie Checklisten, Warnschilder oder Prüfungsanweisungen, helfen. Das wirkliche Ziel von Poka-Yoke ist jedoch, dass du eine Lösung entwickelst, die die Entstehung eines Fehlers gänzlich verhindert.

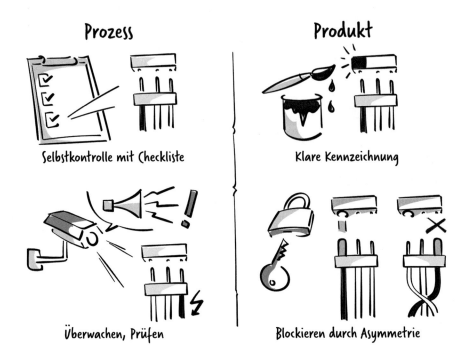

An der Stecker-Buchse könntest du eine Markierung anbringen, worauf ein verkehrt montiertes Kabel ins Auge springt. Dies hilft die Wahrscheinlichkeit eines Fehlers zu reduzieren; gänzlich ausgeschlossen würde er dadurch nicht. Am effektivsten ist es daher, durch die asymmetrische Form des Steckers, ein Verdrehen mechanisch zu verhindern. In unserem Fall haben wir uns dafür entschieden, den roten Pin des Steckers etwas dicker zu gestalten. So ist es schlicht unmöglich, den Stecker falsch herum einzustecken. Diese Maßnahme weckt dann auch den müdesten Werker am Montagmorgen aus den Träumereien und hilft, dass in Zukunft nur noch Staubsauger und eben keine Laubbläser mehr produziert werden.

Die effektivsten Lösungen erfordern meist eine Änderung des Produktes – und das ist wiederum teuer. Kalkuliere die Fehlerkosten, indem du die Häufigkeit (23 Fälle pro Monat) mit dem Schaden multiplizierst (42 €). Das gibt 966 € Schadenskosten pro Monat. So kannst du abwägen, ob sich die Maßnahme lohnt.

Poka-Yoke für ein sorgenfreies Leben

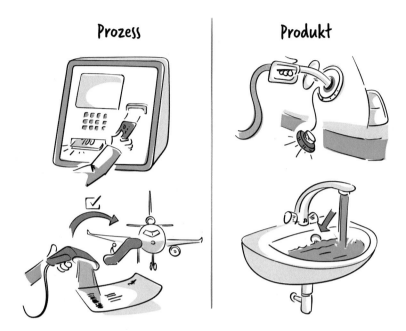

Poka-Yoka-Ansätze sind auch im Alltag allgegenwärtig. Der Bankomat gibt das Geld nur frei, wenn die Bankkarte abgezogen wurde. Das Flugzeug darfst du erst besteigen, nachdem dein Ticket nochmals überprüft wurde. Nach tausenden von verlegten und verlorenen Tankdeckeln, hängt dieser nun an einer Schnur: Verlieren unmöglich. Und wie schön, dass im Lavabo ein einfacher Überlauf dafür sorgt, dass Wasser nur ins Becken und nicht in die ganze Wohnung fließt.

„So ein Fehler darf nie mehr passieren!", hört man es hier und da durch Produktionshallen schallen. Solche Ankündigungen sind wenig hilfreich. Akzeptiere, dass Menschen Fehler machen und schiebe diesen mit cleverer Prozess- oder Produktgestaltung einen Riegel vor.

Tipp
1. Erstelle ein Ranking deiner Fehler: Wie oft tritt ein Fehler ein? Welche Auswirkungen hat er?
2. Prüfe zunächst die effektiveren Varianten von Poka-Yoke. Kann das Produkt so verändert werden, dass eine formschlüssige Lösung den Fehler verhindert? Kann eine Anpassung am Prozess den Fehler ausschließen? Wenn

beides nicht infrage kommt: Kann ein Warnschild oder eine Checkliste helfen, den Fehler zu vermeiden?
3. Ergänze deine Standards mit Poka-Yoke-Lösungen, die sich in deinem Unternehmen bewährt haben.
4. Der Poka-Yoke-Mindset ist wichtig für die ganze Firma. Die enge und frühzeitige Zusammenarbeit der Entwicklung und Produktion bei der Gestaltung von neuen Produkten ist der Schlüssel zum Erfolg von Poka-Yoke.

4.13 Methode 20: Andon

Andon zeigt dir auf einen Blick, ob alle Schritte deiner Produktion im grünen Bereich laufen. Warnsignale helfen dir, Probleme frühzeitig zu erkennen, schnell Hilfe bereitzustellen und die Störung rechtzeitig zu beheben.

Störungen in Echtzeit erkennen und beheben!

Du hast mit der Einführung des Takt-, Fluss- und Pull- Prinzips schon viel Verschwendung aus den Prozessen verbannt und die Größen Qualität, Lieferfähigkeit und Kosten der Prozesse auf ein neues Niveau gehoben. Ein höheres Niveau erfordert jedoch auch eine höhere Stabilität dieser Größen. Prozessabweichungen durch fehlende Teile, Montagefehler oder Maschinenausfälle, die den Takt durcheinanderbringen, haben hier keinen Platz mehr.

Um Störungen im Prozess früh zu erkennen, musst du ein effektives Alarmsystem installieren.

Die Lean-Methode dazu heißt Andon. Dein erstes Andon-Projekt startet in der Abteilung Spritzgießen. Ein Andon-Board soll Prozessabweichungen ohne Verzögerung sichtbar machen, damit jeder Mitarbeiter unmittelbar darauf reagieren kann. In der Spritzgussabteilung habt ihr deshalb einen großen Bildschirm installiert, der von jedem Arbeitsplatz aus gut sichtbar ist.

Mit deinem Team hast du drei Werte festgelegt, die in Echtzeit auf dem Andon-Board angezeigt werden sollen. Erstens wird in einer Ampellogik dargestellt, ob die Plastmaster 2000 laufen (grün), aufgrund einer Störung stehen (rot) oder geplant stehen (gelb). Zweitens wird zum Monitoring der Termintreue eine Gegenüberstellung der Ist- und der Soll-Stückzahl auf dem Andon-Board angezeigt. Und drittens wird angegeben, ob ein Mitarbeiter Hilfe benötigt, weil er ein Problem hat, dass er nicht allein oder nicht in angemessener Zeit lösen kann. Dieses Signal kann der Werker in so einem Fall mithilfe einer Andon-Taste auslösen.

Die Andon-Methodik hilft, die Probleme frühzeitig zu kommunizieren und den Problemlösungsprozess aktiv und schnell anzugehen. Für die Teamleiter ist es ein Mittel, um sofort Feedback zu bekommen und sich wiederholende Fehler, zum Beispiel mit einem A3-Prozess, näher anzuschauen und nachhaltig abzustellen.

Nach mehreren Wochen ist ein positiver Trend auch in den Kennzahlen wie der OEE erkennbar, da die Mitarbeiter, Teamleiter und Abteilungsleiter ein besseres Gespür für die Probleme bekommen.

Letztlich hat die Andon-Methode bei der LeanClean AG auch dazu geführt, dass man offener mit Problemen umgeht. Früher hatte das Melden von Problemen den Beigeschmack des Versagens, Verpfeifens oder Denunzierens. Das Aufdecken und Melden von Prozess-Problemen ist durch das Andon in den Produktionsablauf integriert und zur Normalität geworden. Nach einem Monat im Betrieb sehen die Mitarbeiter, dass Andon eine echte Bereicherung für die LeanClean AG ist.

Das Problem wird angezeigt- und dann?

Du kannst auf einer Andon-Anzeige ein digitales, automatisch erzeugtes Signal anzeigen (Maschine läuft oder steht) aber auch eines, das vom Mitarbeiter ausgelöst wird, um ein Problem anzuzeigen. In der Automobilproduktion kannst du in vielen Fabriken eine sogenannte Andon-Reißleine am Fließband sehen. Zieht der Montagemitarbeiter an der Schur, wird

Hilfe angefordert. Je nach Variante und Firmenkultur führt das Ziehen der Andon-Leine zu einer Anzeige am Andon-Board, zum Ertönen eines Signals oder zum kompletten Stopp des Fließbands. Die Idee dahinter ist einfach. Nimm keine Fehler an, mache keine Fehler, gebe vor allem keinen Fehler weiter.

Das Andon soll also zunächst unmittelbar transparent machen, ob im Prozess ein Problem oder Fehler besteht. Das ist aber nur der Anfang. Vielmehr ist Andon ein Regelkreis, der erst endet, wenn das angezeigte Problem auch behoben ist. Das bedeutet, dass auch die Eskalationswege und Verantwortlichkeiten im Fall eines Problems geklärt sein müssen. So ist Andon eine große Hilfe bei der Umsetzung des 0-Fehler- Prinzips.

Übrigens: Eine Andon ist eine traditionelle japanische Laterne mit Holzrahmen und Papierfenster. Vielleicht sahen die ersten Signallampen, die den Status von Anlagen anzeigten, diesen Laternen ähnlich und haben so den Begriff geprägt. Mittlerweile ist Andon bekannt als eine der Urmethoden des Lean-Managements.

Tipp

1. Grenze den Bereich ein, in dem die Andon-Methode angewendet werden soll. Überlege welche Maschinen, welche Arbeitsstationen einbezogen werden sollen. Starte mit einem Pilotprojekt und sammle Erfahrungen.
2. Überlege welche Prozessabweichungen betrachtet werden sollen und wie diese in Echtzeit ermittelt und angezeigt werden können.
3. Die Anzeige des Problems, zum Beispiel auf einem Andon-Board, ist nur der erste Schritt des Andon-Prozesses. Definiere und kommuniziere, wer im Falle einer Prozessabweichung reagieren muss und wie diese Intervention ablaufen soll.
4. Es gibt mittlerweile sehr gute Softwarelösungen, die dir helfen können, das Andon-Konzept umzusetzen. Sie unterstützen dabei, die notwendigen Daten aus den unterschiedlichsten Systemen (wie dem ERP, Maschinensteuerungen oder Signale des Mitarbeiters) in Echtzeit abzugreifen, zu verarbeiten und so darzustellen, wie du es für deine Andon-Lösung brauchst.

4.14 Methode 21: KPI

Vielleicht kennst du den Spruch „What gets measured gets done". Faktenbasiertes Vorgehen ist wichtig, um Verschwendung zu sehen und zu messen. Dazu eignen sich Messgrößen, mit denen du direkt oder indirekt die 7 Arten der Verschwendung quantifizieren und deren Entwicklung über die Zeit verfolgen kannst. Wir reden von sogenannten Leistungskennzahlen oder Key-Performance-Indicators – kurz KPIs.

Konkrete KPIs für jede Produktion

Während du mit Andon die akuten Probleme deiner Produktion in Echtzeit transparent machst, kannst du mit KPIs Verschwendung im mittel- und langfristigen Verlauf feststellen. Das hilft dir die Wirksamkeit der bereits umgesetzten Lean-Methoden nachzuvollziehen. Weiterhin ist es eine Grundlage, um zu entscheiden, in welchem Bereich weitere Lean-Maßnahmen nötig sind. KPIs sind ein Gradmesser und Wegweiser für die Veränderung. Aber welche KPIs sind für deine Zielsetzungen geeignet?

Gemeinsam mit deinem Team erstellst du an einer Pinnwand eine Übersicht der KPIs aus den Kategorien Qualität, Zeit und Kosten, die ihr für besonders vielversprechend haltet, um die Lean-Fortschritte bei LeanClean zu messen.

Qualitäts-KPIs

Ausschuss verursacht durch die Entsorgung der Fehlteile, die Nachproduktion und die Beschaffung von Ersatz direkte Kosten. Den kumulierten Aufwand sollst du in Euro messen. Dies ist oft besser als in Stück. Geld schafft mehr Betroffenheit.

Ausschuss stört gleich mehrere Lean-Prinzipien wie Takt, Fluss oder FIFO. Zudem werden deine Produktionszeiten unberechenbar und Methoden wie Sequenzierung durch einen hohen Ausschussanteil gar verunmöglicht.

Kundenreklamationen sind Gift für deine Reputation im Markt und verursachen, wie Ausschuss, einen großen administrativen Aufwand. Direkt oder indirekt sind damit auch hohe Kosten verbunden. Die Qualität, die der Kunde spürt, steht in der Hierarchie immer an oberster Stelle. Damit ist diese Kennzahl ein Gradmaß für die Qualitätskultur und die Umsetzung des 0-Fehler-Prinzips. Nur gute Geräte sollen das Werk verlassen.

Durch Kategorisieren der Fehler verschaffst du dir eine Übersicht über die Häufigkeit der einzelnen **Fehlerarten.** Wie wir in der Pareto-Methode demonstriert haben, ist dies ein wirksamer Schritt, um die häufigsten Fehler mit Priorität zu beheben und damit die Qualität direkt zu erhöhen.

Yield, zu Deutsch „Ausbeute", ist der Anteil an guten Teilen und das Gegenteil von Ausschuss. Der Yield ist ein guter Indikator für die Prozessstabilität und zeigt dir die Baustellen in deiner Produktion auf.

Für das Fluss- und Taktprinzip gibt es nichts Schlimmeres als **fehlende Teile.** Daher ist das tägliche Monitoring dieser Fehlteile für die Umsetzung dieser Prinzipien wichtig. Das sind Teile, die gebraucht werden, aber nicht vorhanden sind. Verspätete Lieferung oder Verlust durch Ausschuss sind nur zwei der vielen Ursachen. Bist du auf dem richtigen Weg, um diese Fehlteile abzustellen?

Flexible Mitarbeiter, die mehr als nur eine Maschine oder Tätigkeit beherrschen, helfen dir auf Nachfrageschwankungen in der Produktion zu reagieren. Die **Mitarbeiterflexibilität** kannst du quantifizieren, indem du analysierst, auf wie vielen Kostenstellen ein einzelner Mitarbeiter abrechnet oder wie viele Arbeitsplätze er im Durchschnitt beherrscht.

Zeit KPIs

Je länger die **Durchlaufzeit** eines Produkts oder eine Baugruppe im Prozess ist, um den Produktionsprozess zu durchlaufen, desto höher die Verschwendung. Oder positiv formuliert, je schneller deine Teile einen Prozess durchlaufen, desto schlanker ist deine Produktion. Die Durchlaufzeit ist daher ein wichtiger Verschwendungsindikator.

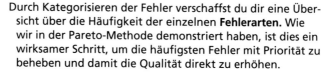

Wie pünktlich werden die internen Fertigungsaufträge abgeschlossen? Eine **termintreue Fertigung** ermöglicht Puffer und Bestände niedrig zu halten und die Kundenbestellungen nach Plan auszuliefern. Denn ist die Termintreue niedrig, kann eine pünktliche Auslieferung nur durch Zwischenlager erreicht werden. Da Start und Ende des Fertigungsauftrags in der Regel immer ins ERP eingebucht werden, ist die Abweichung vom Plantermin verhältnismäßig einfach messbar.

Ist die **Taktzeit,** zum Beispiel in der Endmontage, stabil, ist auch das Taktprinzip erfüllt. Dieser KPI zeigt dir die Einhaltung der Taktzeit über einen längeren Zeitraum an.

Viele Teile in den LeanClean-Produkten, wie Motoren und Schalter, sind Einkaufsteile. Eine verspätete Anlieferung führt in einem schlanken Prozess ohne hohe Bestände direkt zu Verzögerungen in der Auslieferung. Um mehr Transparenz über die **Termintreue der Lieferanten** zu erreichen, misst du die Abweichung vom Plantermin. Nicht nur zu spät liefern bringt Probleme, auch durch eine zu frühe Anlieferung gerät das Flussprinzip durcheinander.

Die **Termintreue Kundenbestellungen** misst unsere eigene Pünktlichkeit zum Endkunden. Wir verlangen Pünktlichkeit von unseren Lieferanten, und logischerweise verlassen sich auch unsere Kunden auf unsere Liefertermine. Die Ursachen für Verspätungen sind vielfältig. Fehler, Nacharbeit, Wartezeiten, Wege und Transport bedeuten Unsicherheiten für eine pünktliche Auslieferung. Kaum überraschend handelt es sich bei all diesen Faktoren um Verschwendung.

Die **Bestellrate** zeigt dir, ob der Kunde regelmäßig und geglättet, oder unregelmäßig und in großen Mengen bestellt. Ursachen für das Bestellverhalten sind nicht immer vom Markt getrieben, sondern hausgemacht. Die Bestellrate gibt dir auch gute Indikationen, wo du noch am Fluss und Takt weiter optimieren kannst.

Kosten KPIs

Sinkt die Verschwendung, dann sinken auch die Kosten. Die **Produktkosten** sind deshalb der ideale Indikator für den Fortschritt deiner Lean-Aktivitäten.

Die **Overall Equipment Effectiveness (OEE)** misst die Effizienz und Effektivität einer Anlage. Kurze Rüst- und Störungszeiten, sowie geringer Ausschuss, führen zu einer hohen OEE. Eine konstant hohe OEE ist daher der Schlüssel für eine hohe Prozessstabilität und geringe Prozesskosten.

Je stärker das Fluss-, Takt- und Pull-Prinzip in der Produktion verankert sind, desto geringer sind Lagerbestände und desto höher wird dein **Lagerumschlag** sein. Mit dieser Kennzahl kannst du also gut den Fortschritt bei der Verschlankung der Supply Chain messen.

Die **Produktivität** misst, wie hoch dein Output im Verhältnis zum Einsatz, zum Beispiel dem Mitarbeitereinsatz, ist. Höherer Output oder geringerer Aufwand führen zu einer verbesserten Produktivität und geringeren Kosten. Hier gibt es einen direkten Zusammenhang: Geringe Verschwendung führt zu hoher Produktivität. Die Mitarbeiterstunden für ein bestimmtes Produkt sind ein gutes Maß für die Produktivität. Wie viele Stunden gehen in dein Produkt ein? Wie ist der Trend?

Mit der **Ware-in-Arbeit** messen wir das Lager in der Produktion. Mit Methoden wie Milkrun, Kanban, SMED oder Sequenzierung kannst du die Ware-in-Arbeit signifikant senken. Mit dieser Kennzahl kannst du die Erfolge monetär bewerten.

Hinter der Definition und späteren Erhebung und Auswertung der Kennzahl steckt viel Arbeit. Es ist sinnvoll, aus der Fülle von möglichen KPIs ein paar wenige auszuwählen, und diese konsequent über einen längeren Zeitraum, also Monate oder Jahre zu verfolgen. Du hast dich entschieden zunächst die Termintreue bei LeanClean zu messen. Dazu hast du dir mit deinem Führungsteam in einem Workshop Gedanken gemacht und die Kennzahl nachvollziehbar und eindeutig beschrieben.

Definition Liefertreue Kundenbestellung

Name Wie soll die Kennzahl bezeichnet werden?	*Termintreue Kundenbestellung*
Definition Wie ist die Kennzahl definiert? Mit welchen Variablen und nach welcher Formel wird die Kennzahl berechnet?	*Als termintreu gilt eine Lieferung mit maximal einem Tag Abweichung vom ursprünglich versprochenen Versandtermin*
Bezug Ist es ein relativer, ein absoluter oder kumulativer Wert?	*Relativ, Anzahl termingetreu gelieferte Geräte in % zu total gelieferten Geräten*
Datenquelle Wie werden die Daten erhoben? Welche Messpunkte werden verwendet? Liegen die Daten bereits vor oder müssen sie zusätzlich erfasst werden?	*Aus dem ERP-System, pro Bestellposition zugesagter Liefertermin und im Versand gemeldeter Liefertermin dieser Position*
Granularität und Bezug Wie ist die Granularität der Messgröße? Bezieht sich die Kennzahl auf ein einzelnes Teil, eine Baugruppe, ein Produkt, eine Produktlinie, eine Abteilung oder die ganze Firma?	*Aggregiert über jede Produktlinie (Elephant, Snake und Octopus), Die Grafik wird auf der „Flughöhe" Produktlinie dargestellt, alle Detaildaten zur Analyse sind vorhanden und werden auch an die verantwortlichen Mitarbeiter mitgeliefert*

Name Wie soll die Kennzahl bezeichnet werden?	*Termintreue Kundenbestellung*
Frequenz Wie häufig muss die Kennzahl erhoben werden? Täglich, wöchentlich oder monatlich?	*Monatlich*
Darstellung Wie kann die die Kennzahl dargestellt werden? Nur als Zahl in einer Tabelle oder besser visuell in einem Diagramm?	*Liniengrafik, über den jährlichen Verlauf*
Ersteller Kann die Kennzahl automatisch in einem IT-Tools generiert werden oder muss sie manuell berechnet werden?	*Die Kennzahl wird vom ERP-System automatisch ausgewertet. Die Daten-qualität hängt von der sauberen Rück-meldung der Aufträge im System ab. Die grafische Darstellung geschieht mit einer Grafik-Software*
Kommunikation Wie und wo werden die Kennzahlen kommuniziert? Wer erhält Zugriff auf die Auswertungen?	*Online, für jeden Mitarbeiter im Intranet verfügbar*
Ziel Welcher Zielwert soll bis wann erreicht werden?	*Für jede Linie 90 % bis Dezember, jedes Jahr wird dieser Zielwert neu diskutiert und allenfalls angepasst*
Verantwortlich Wer ist verantwortlich für die Erhebung, Verarbeitung und Kommunikation der Kennzahl?	*Produktionsleiter*

Die vielen Detailfragen waren wichtig, aber aufwendiger als gedacht. Auch der Einbezug des Führungsteams bei der Definition war wichtig, um die Akzeptanz dieser wichtigen Kennzahl zu steigern.

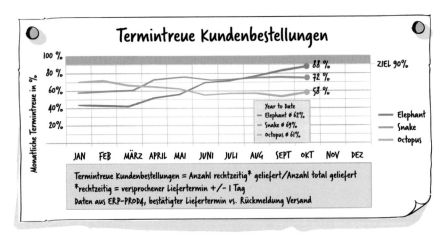

Die Erhebung dieser ersten Kennzahl war mit einem grösser als erwartetem Initialaufwand verbunden. Schließlich mussten die Daten im ERP noch aufgeräumt werden, damit sie für die Berechnung der termintreuen Lieferung taugten. Eine digitale 5S-Aktion sozusagen. Doch dann gelang die Rückmeldung der Daten im ERP für den KPI ohne Probleme und mit guter Qualität und der KPI wird an jedem Monatsende mit Spannung erwartet.

Die Transparenz über die Pünktlichkeit der Lieferungen an eure Kunden hat jede Abteilung zum Nachdenken und Optimieren angeregt. Im Spritzguss konnte der Ausschuss weiter gesenkt werden, die Endmontage hat weitere Verbesserungen im Poka-Yoka-Stil realisiert und auch die Versandabteilung hat ihre Prozesse verschlankt.

So blickt nun die ganze LeanClean AG auf eine deutliche Verbesserung des KPI „Termintreue Kundenbestellungen" zurück. Der Elephant ist bereits auf der Zielgeraden und der Snake und der Octopus sind immerhin auf gutem Wege. Wie motivierend und wirkungsvoll doch eine einfache und offen kommunizierte Prozentzahl sein kann!

Stellenwert der KPIs im Lean-Management

Im Lean-Ansatz gilt grundsätzlich, dass jede Veränderung einen *messbaren und quantifizierbaren* Vorteil für den Prozess haben muss. Für diese Messung sind KPIs ein unverzichtbares Werkzeug. Sie unterstützen dich, Verschwendung punktuell oder gesamthaft im Prozess aufzudecken. Wie ein Kompass helfen dir die KPIs auch, die richtigen Ziele im ständigen Verbesserungsprozess anzusteuern.

Kennzahlen schaffen Transparenz und zeigen dir Prozessabweichungen und Probleme auf. Statt Meinungen, Glauben oder Bauchgefühle, beeinflussen nun faktenbasierte KPIs in der LeanClean AG die Entscheidungen. Voraussetzung ist natürlich, dass die Kennzahlen präzise und transparent definiert und richtig erhoben werden.

Zeitweise kann es in der Firma etwas emotional werden, wenn die eigenen Glaubenssätze durch objektiv erhobene Kennzahlen hinterfragt werden. Doch in der LeanClean AG habt ihr vereinbart, Veränderungen immer faktenbasiert, nachvollziehbar und auf der Basis von KPIs anzugehen. Diese Kultur hilft, die KPIs einzuführen.

Damit die KPIs als Wegweiser und Zielvorgabe auch akzeptiert werden, darf keine Debatte über die Korrektheit entstehen und kein Interpretationsspielraum in der Logik der Kennzahl bestehen. Erschwerend ist dabei leider, dass es für die meisten KPIs keine detaillierte, standardisierte und niedergeschriebene Definition gibt, die du universell einsetzen kannst. Vielmehr musst du die genaue Ausprägung der KPIs für dein Unternehmen und deine Prozesse finden, festlegen und kommunizieren.

Tipp

1. Starte mit wenigen Kennzahlen. Beginne lieber mit zwei bis drei Kennzahlen, um die Komplexität klein zu halten und erste KPIs möglichst schnell zur Verfügung zu haben.
2. Definiere die Kennzahl eindeutig und genau, vermeide Interpretationsspielraum.
3. Nur wenn alle nachvollziehen können, wie die Kennzahl zustande kommt, wird sie akzeptiert. Zeige immer die Definition und den Aufbau der Kennzahl bei jeder Veröffentlichung, wie wir das in der Fußnote des obigen Beispiels „Termintreue Kundenbestellungen" gemacht haben.
4. Kommuniziere aktiv die Gründe, warum eine Kennzahl gemessen wird. Dies schafft Klarheit und Vertrauen. Wir wollen mit den KPIs nicht die Mitarbeiter kontrollieren, sondern gemeinsam Prozesse verbessern.
5. Die Präsentation der KPIs als abstrakte Zahlen in Tabellenform reicht oft nicht. Visualisiere die KPIs in einem einfachen Diagramm, auf welchem Veränderungen und Verbesserungen auf einen Blick klar sind.
6. Nutze wenige und standardisierte Farbschemas, z. B. Grün für positive und Rot für negative Abweichungen. Versuche wenige Farben einzusetzen, da zu viele verschiedene Farben mehr verwirren als helfen.
7. Stelle sicher, dass die Kennzahlen immer aktuell sind und breit kommuniziert werden. Sonst verlieren sie schnell an Wichtigkeit und Bedeutung.
8. Überprüfe die Kennzahlen und deren Definition regelmäßig. Sind sie für den Veränderungsprozess noch zielführend?
9. Setze Ziele für die KPIs. Aber das Ziel muss nicht gleich zu Beginn der Messung feststehen. Warte eine Stabilisierungsphase ab, damit sich zunächst eine Akzeptanz für die Kennzahl entwickeln kann. Eine periodische Überprüfung der Ziele ist wichtig.

4.15 Methode 22: Shopfloor-Management

Das Shopfloor-Management sorgt dafür, dass die Produktion rund läuft und Lean-Methoden auch im Alltag so funktionieren, wie sie sollen. In kurzen täglichen Abstimmungen wird gemeinsam der Status der Produktion besprochen und wenn notwendig Maßnahmen festgelegt. Dies funktioniert übrigens nicht nur in der Produktion, sondern überall im Unternehmen.

Die Steuerung der schlanken Produktion

Während deinen Lean-Projekten, wie der Wegoptimierung durch Zoning, der Verbesserung der Logistik durch einen Routenzug oder der Einführung der Kanban-Regelkreise für den Nachschub, konntest du auf ein hohes Engagement für die Lean-Thematik zählen. Das Team hat sich getroffen und an der Umsetzung der Methode gearbeitet. So waren automatisch der notwendige Fokus und die Aufmerksamkeit vorhanden, um die geplante Veränderung zum Erfolg zu führen. Nach dem glücklichen Abschluss der Lean-Projekte, musst du nun das erreichte und höhere Niveau halten, auch wenn Lean nun nicht mehr so prominent im Mittelpunkt steht. Dazu ist es notwendig, die Produktionsprozesse regelmäßig zu inspizieren und wenn notwendig, Abweichungen zu korrigieren. Die Methode Shopfloor-Management stellt sicher, dass du regelmäßig mit dem Team im Kontakt bleibst und die aktuellen Themen diskutierst.

Das kontinuierliche Pflegeprogramm für die Prozesse in der LeanClean AG findet nun täglich im Shopfloor-Management statt. Dazu hast du ein 15-minütiges Treffen um 9 Uhr ins Leben gerufen, an dem alle Entscheider die wichtigsten Ereignisse und die KPIs des Tages durchgehen. Hier werden die im Andon aufgetretenen Probleme besprochen und Maßnahmen zu Prozessabweichungen festgelegt. Das Treffen findet an einem strategischen Platz, direkt im Produktionsbereich statt. 15 min sind nicht viel Zeit, aber wenn anhand von Zahlen, Daten und Fakten diskutiert wird, ist das mehr als genug. Dazu hast du mit deinem Team einen Informationspunkt aufgebaut, an dem alle notwendigen Informationen bereitstehen, um das Shopfloor-Meeting effizient durchzuführen.

Entscheidend für das Shopfloor-Management ist eine aktuelle und transparente Faktenbasis. Beim ersten Shopfloor-Konzept wurde der Fokus bewusst auf wenige Aspekte gelegt. Konkret sind dies OEE, Liefertreue und Yield. Auch die 5S-Audits und A3-Reports hängen hier aus. Ist alles im grünen Bereich? Ampeln und visuelles Management lassen schnell Abweichungen erkennen. Der Teamleiter moderiert den Shopfloor. Für komplexere Probleme stößt er einen neuen A3-Prozess an.

Der Nutzen des Shopfloor-Managements sind nicht vollständige und allumfassende Daten oder genauestens informierte Mitarbeiter, sondern die Maßnahmen, die jeden Tag gemeinsam beschlossen werden, um den aktuellen Prozessabweichungen entgegenzuwirken. Denn erst Taten bewirken, dass der Verschwendung bei der LeanClean AG zu Leibe gerückt wird. Eine Liste der beschlossenen Maßnahmen mit ihrem aktuellen Status sollte daher immer am Shopfloor-Meeting vorhanden sein.

Tipp

1. Setze einen festen Zeitrahmen für das Shopfloor-Management. Täglich 15 min sollten ausreichen.
2. Bewerte welche Prozessabweichungen im Shopfloor-Management überwacht werden müssen und mit welchen Kennzahlen dies geschehen soll.
3. Definiere ein Team für den Shopfloor. Die Teilnehmer müssen in der Lage sein, die Kennzahlen zu beeinflussen.
4. Wichtig im Shopfloor ist, dass das Team Maßnahmen festlegt und deren Umsetzung verfolgt.

5. In Zeiten der Digitalisierung können die Informationen für den Shopfloor digital erstellt und auf einem großen Bildschirm in Echtzeit angezeigt werden. Damit du nicht jeden Tag die Kennzahlen in Papierform aktualisieren musst, kannst du über eine solche digitale Lösung nachdenken. Einiges an Aufwand ist dazu notwendig, doch verbessert dieser digitale Prozess die Kommunikation massiv.

6. Eine zeitliche Kaskadierung über die verschiedenen Bereiche hat sich als zielführend gezeigt. Team-Shopfloor, gefolgt vom Abteilungs-Shopfloor und beendet mit einem täglichen Shopfloor für die ganze Firma, bringt vollständige und schnelle Transparenz für die ganze Unternehmung.

5

Lean-Change

Inhaltsverzeichnis

They always say time changes things, **but you** actually have to change **them yourself.**
Andy Warhol

5.1 Veränderung endet nie

Wie kannst du ein Klima des Umbruchs und der Bereitschaft zur Veränderung schaffen, um Lean erfolgreich umzusetzen? Was musst du beachten, damit Lean auch in deinem Unternehmen fliegt? Wir gehen in diesem fünften Kapitel der „Lean-Change" Frage nach. Wir wollen dir

© Der/die Autor(en), exklusiv lizenziert durch Springer-Verlag GmbH, DE, ein Teil von
Springer Nature 2021
R. Hänggi et al., *LEAN Production – einfach und umfassend,*
https://doi.org/10.1007/978-3-662-62702-0_5

zeigen, wie man die Veränderungsbereitschaft von „schon wieder ein neues Programm" zu „lass uns dies anpacken und Erfolg haben" wandelt.

Lean bedeutet eine Kultur der dauernden Veränderung in kleinen Schritten. Diese Summe der vielen kleinen Verbesserungen führt zum Erfolg. Hast du eine Veränderung umgesetzt, plane bereits die nächste Veränderung, denn es gibt immer Verschwendung, die beseitigt werden kann.

Der Grundgedanke, dass Veränderung kontinuierlich passieren muss, hat im Lean eine zentrale Bedeutung. Damit ist der Kaizen-Management-Ansatz (jap. kontinuierliche Verbesserung) verbunden (Imai 1986). Der kontinuierliche Verbesserungsprozess (KVP) ist im Lean-Ansatz also mehr als nur ein betriebliches Vorschlagswesen.

Die Veränderung endet im Lean-Management auch deswegen nie, weil der perfekte, komplett verschwendungsfreie Prozess unerreichbar und immer eine Vision bleibt.

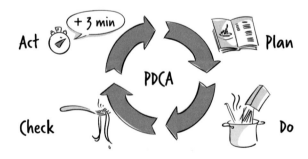

Diese Denkweise ist auch im PDCA-Ansatz aus dem Qualitätsmanagement bekannt. PDCA steht für „Plan" – „Do" – „Check" – „Act". Der PDCA-Regelkreis sagt, dass man zuerst einen konkreten Plan zur Lösung des Problems entwickeln muss (Phase Plan). Dieser Plan muss detailliert, umsetzbar und verständlich sein. In der Phase „Do" geht es ans Umsetzen und Realisieren. Die entscheidende Phase ist der nächste Schritt (Check). Prüfe und messe, ob die Veränderung das Ziel erfüllt hat. In der letzten Phase (Act) muss man die identifizierte Abweichung zum Zielzustand aus der Phase „Check" angehen.

Verbesserungen sollten im Lean-Change nie bis ins letzte Detail geplant werden. Das wäre lähmend und aufwendig. Sie müssen vielmehr in einem Regelkreis ständig weiterentwickelt werden. Die Umsetzung muss so in Schritten passieren. Das Motto muss sein „lieber 60 % jetzt als 100 % nie". Das bringt schnelle Ergebnisse. Aber es bedeutet auch, dass die Wirksamkeit nach der Umsetzung kontrolliert und nachjustiert werden muss. So kann Lean nicht einfach mit einem Projekt implementiert werden. Lean ist das Ergebnis eines permanent laufenden Regelkreises.

5.2 Der Change Regelkreis

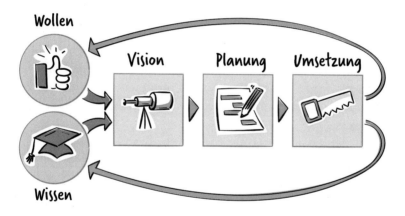

Lean ist sicher keine Rocket-Science. Auch einzelne Methoden lassen sich punktuell einfach und wirkungsvoll anwenden. Doch eine umfassende Veränderung der Prozesse im Sinne von Lean im ganzen Unternehmen oder sogar in einem ganzen Konzern ist alles andere als einfach. Der Change ist eine langfristige Mammutaufgabe. Auf dem Weg gibt es viele Stolperfallen, die die Umsetzung erschweren können und nicht selten scheitern Lean-Ansätze nach Anfangserfolgen an diesen Hürden.

Gerade in der Einführungsphase kann der Change besonders viel Kraft kosten. Veränderungen, Neues und Unbekanntes kann bei Mitarbeitern auf Skepsis stoßen. Zudem ist der Begriff „Lean" nicht neu und so können vorgefertigte Meinungen und vielleicht sogar negative Erfahrungen aus gescheiterten Lean-Einführungen die Veränderung ausbremsen.

In der Retrospektive vieler guter und einiger weniger guter Lean-Projekte aus allen Branchen und Kulturen haben wir uns die Frage gestellt, was für den Erfolg (oder Misserfolg) verantwortlich zeichnet. Denn bei scheinbar ähnlichen Grundvoraussetzungen im Produktionsprozess und Produktportfolio, konnten wir gravierende Unterschiede bei den Resultaten sehen.

Die gute Nachricht ist, dass du nicht alles dem Zufall überlassen musst. Es gibt viele Stellgrößen, die du aktiv beeinflussen kannst, damit der Change zum Erfolg wird. Die Abhängigkeiten haben wir im Change-Regelkreis dargestellt.

Der Startpunkt jeder Veränderung ist, diese auch zu wollen. Das klingt erst einmal trivial, ist aber in der Realität schon die erste große Gefahr, dass der Change nicht in Gang kommt. Das Motto in den Köpfen muss lauten „wir müssen was tun". Zusätzlich zu diesem Willen ist auch Wissen über Lean notwendig. Denn nur wer will und weiß, *wie* man etwas ändert, kann auch eine Vorstellung entwickeln, wie der Prozess auch ohne Verschwendung funktioniert (vgl. auch Liker und Ogden 2011). Jetzt kannst du eine konkrete Vision der Zukunft formulieren und diese geplant umsetzen. Du musst in diesem Plan sagen, wo und wie du beginnst und wie du ihn Schritt für Schritt ausrollen wirst. Ein Plan ist nur gut, wenn er auch umgesetzt wird. Wir haben schon so oft gesehen, dass Lean-Vorhaben trotz guter Planung nicht umgesetzt werden. Der Wille zur Veränderung war nicht gross genug.

Und weil die Veränderung nie endet, geht das Ganze wieder von vorne los. Mit mehr Wissen und mit größerem Willen. Denn durch die Veränderung wird neues Wissen erworben, das wieder in die Standards eingeflossen ist. Die Organisation hat gelernt. Der neue Zustand ist besser aber noch nicht gut genug. Der Wille es noch besser zu machen, stößt den Regelkreis wieder an.

5.3 Schritt 1: Die Veränderung wollen

Eine Frage der Einstellung

Ohne die Veränderung zu wollen, nimmt der Change keine Fahrt auf. Gerade zu Beginn eines Lean-Changes will aber leider nicht jeder sich und sein Arbeitsumfeld verändern.

Lean-Management bedeutet eine Veränderung aller Prozesse und damit der täglichen Arbeit vieler Mitarbeiter, und das in praktisch jedem Bereich des Unternehmens. Und wenn du es richtig angehst, wird diese Veränderung nicht nur vorübergehend sein. Es ist daher verständlich, dass das bei den Mitarbeitern unterschiedliche Reaktionen auslöst. Und so wirst du vielleicht feststellen müssen, dass der Wille zur Veränderung nicht bei jedem Mitarbeiter gleich stark ausgeprägt ist. Der Wille zur Veränderung hat zu Beginn eines Change-Projektes vier Grundausprägungen:

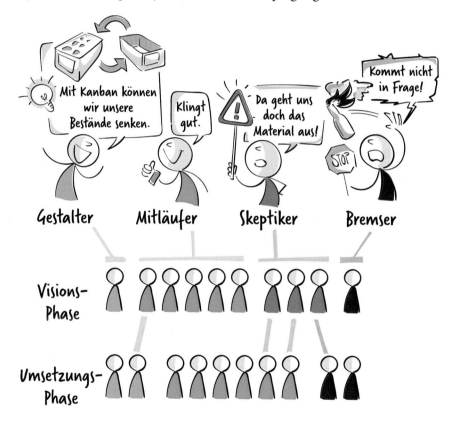

1. **Der Lean-Gestalter** hat eine proaktive Einstellung gegenüber der Lean-Veränderung. Er kennt die Lean-Prinzipien und -Methoden und so ist der Wille zur Veränderung beim Gestalter naturgemäß groß. Er will selbst gestalten und anpacken. Und hat auch schon die eine oder andere Idee, wie verschiedenste Prozesse umgestaltet werden können. Du gehörst zu dieser Gruppe.
2. **Der Lean-Mitläufer** hat ein Grundwissen in Lean und versteht, dass Verschwendung dem Unternehmen schadet. Er sieht daher überwiegend Vorteile im geplanten Lean-Change und ist gegenüber der Veränderung

positiv eingestellt. Allerdings stößt er von sich aus keine Verbesserungen an.

3. **Der Lean-Skeptiker** hat eine eher negative Einstellung gegenüber dem Change. Das kann zwei Gründe haben. Zum einen die Vertrautheit und das Wissen über die bestehenden Prozesse und die Befürchtung, diese nach dem Change zu verlieren. Der andere Grund könnte darin liegen, dass sich Vorurteile über Lean gebildet haben, die aus einer gescheiterten Initiative oder aus rudimentären Kenntnissen herrühren. Der Skeptiker versucht sich aus den Change-Aktivitäten rauszuhalten.

4. **Der Lean-Bremser** stört die Lean-Umsetzung aktiv und nutzt seine Funktion, um Innovation und Verbesserung ausbremsen. Wenn es im Entscheidungsbereich des Bremsers liegt, wird er Verbesserungs-Maßnahmen kleinreden, zurückstellen oder vertagen, denn schnelle messbare Veränderungen aus der Lean-Ecke könnten sein bisheriges Wirken blass aussehen lassen. Man kann ja nicht in die Köpfe reinschauen, aber wir vermuten nur, dass der Bremser um seine Machtposition oder um seinen Ruf fürchtet. Aussagen wie „Lean funktioniert bei uns nicht, denn wir sind keine Autofabrik", „Lean funktioniert nur bei großen Stückzahlen" oder „wir sind für unsere Lieferanten nur ein kleiner Fisch" entlarven den Lean-Bremser. Bei der Umsetzung von Lean können sich durchaus neue Lean-Bremser entwickeln. Gibt es doch Prozesse, die wegfallen und einen direkten Einfluss auf die Arbeit von Mitarbeitern haben. Dies wird oft nicht geschätzt und kann zu Frustrationen führen.

Ein kluger Produktionsleiter, mit viel Erfahrung im Lean-Change, hat es auf den Punkt gebracht. „Lean ist wie jede große Veränderung im Betrieb. Es gilt die 20–60–20-Regel. 20 % ziehen und verändern aktiv. 60 % machen mit und trotten dem Gestalter nach, und 20 % bremsen nur".

Natürlich ist diese Kategorisierung sehr vereinfacht und überspitzt, aber sie hilft dir vielleicht den Weg zu finden, möglichst viele Mitarbeiter mitzunehmen.

Wir haben schon oft gesehen, dass ein anfänglicher Lean-Skeptiker sich zu einem Lean-Gestalter wandeln kann. Schulungen, Trainings und offene Diskussionen zu Lean spielen eine Rolle. So lernen die Mitarbeiter die Verschwendung in den eigenen Prozessen zu sehen und die Notwendigkeit zur Veränderung zu erkennen. Mit der Zeit können zusätzlich positive persönliche Erfahrungen den Willen zum Change erhöhen.

Aber bei allen Bemühungen den Willen zur Veränderung in die Mannschaft zu transportieren ist der Ausgangspunkt der Veränderung jedoch in der Führungsetage.

... zuerst muss das Management wollen!

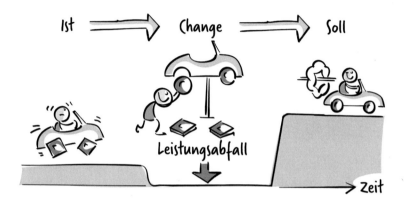

Der Wille zur Veränderung im Top-Management ist besonders wichtigsogar unerlässlich. Die Führung muss den Willen nicht nur haben, sondern ihn auch zeigen und immer wieder kommunizieren. Durch Worte und durch Taten. Das bedeutet nicht, dass alle Ideen zur Veränderung vom Management kommen müssen. Im Gegenteil. Aber das Management muss den Weg freimachen, damit die ganze Organisation folgen kann.

Beim Absenken des Verschwendungs-Pegels werden im Change-Prozess neue Probleme an die Oberfläche gespült. Es kann sein, dass die Performance des Prozesses sich sogar verschlechtert, bis diese Problem-Steine aus dem Weg geräumt werden. Das Management muss gerade in diesen Zeiten keine Zweifel am Willen zur Veränderung aufkommen lassen. Denn bei ungenügendem Support wird ansonsten der Lean-Change bei den kleinsten Unwägbarkeiten abgebrochen.

Das wäre das falsche Signal und wäre auch die falsche Richtung. Es ist Bestandteil der Lean-Kultur, dass Probleme sichtbar gemacht und schnell beseitigt werden. Denn genau dadurch wird man eine schlanke Firma. Man behebt die Probleme und generiert Fluss. In diesen Situationen zeigt sich, ob der Wille zur Lean-Veränderung verankert ist.

Der Wille zur Veränderung wird auch durch Sehen von Verschwendung in den eigenen Prozessen gestärkt. Regelmäßige Beobachtungen vor Ort nach dem Motto „Go-See" sollten daher zur Firmenkultur gehören. Muss auch das Top-Management so tief in den Prozessen und deren Details stecken? Ja, unbedingt! Nur wer den realen Prozess versteht, kann effektiv führen und den Prozess kontinuierlich verbessern.

Du wirst bei einer Lean-Transformation Zeit und Ressourcen benötigen. Auch hier spielt der Wille zur Veränderung im Management eine zentrale Rolle. Denn die Ressourcen müssen bereitgestellt werden und es muss darauf geachtet werden, dass die Priorität für den Change im Alltag nicht verloren geht. So ruht zum Beispiel bei einem Schweizer Badewannenhersteller alle zwei Wochen für einen Tag die Produktion. Jeder Mitarbeiter in allen Abteilungen arbeitet an diesem Tag gemeinsam an der Lean-Transformation der Firma. Übrigens, auch der Chef packt an diesem 2-wöchentlichen Lean-Tag mit an. Die „Liebe zur Problemlösung" muss vorgelebt werden. Das Management sollte auf dem Weg die Mitarbeiter coachen und sicherstellen, dass im Team an der Umsetzung gearbeitet wird. Der Wille zum Change wird so der Mannschaft vorgelebt. Der Erfolg wird sich schnell einstellen und dann ist die Veränderung nicht mehr aufzuhalten. Der Zug läuft.

Schaff dir deine persönliche Krise mit Zahlen, Daten und Fakten

Der Wille zur Veränderung ist wie der Treibstoff für den Change – aber wie entsteht er?

Wir denken, dass die Erkenntnis über die Probleme in den bestehenden Prozessen einen Unmut hervorruft. Hieraus entsteht die Triebkraft zur Veränderung. Dieser Unmut kann breit durch eine echte Krise hervorgerufen werden, beispielsweise wenn ein Unternehmen in eine finanzielle Schieflage gerät. Aber den Effekt der Krise kannst du auch künstlich erwirken, indem du Verschwendung sichtbar machst und diese Missstände kommunizierst. Du solltest daher nicht warten, bis eine Krise dein Unternehmen trifft. Nutze die Lean-Methoden zum Sehen der Verschwendung und die Lean-KPIs für diesen Zweck.

Wenn dein Beifahrer dir sagt: „Du fährst zu schnell", dann wirst du einen Bremsvorgang in Erwägung ziehen. Sagt er dagegen: „Du fährst 80 km/h in der 30 km/h Zone" ist dein Wille zum Bremsen jedoch sicher grösser. Zahlen, Daten und Fakten helfen dir das Problem zu objektivieren und den Willen zur Veränderung zu verstärken.

5.4   Schritt 2: Wissen aufbauen

Schulungen und Trainings

Der Wille zur Veränderung muss da sein. Aber dieser allein führt noch zu keiner Lean-Veränderung im Unternehmen. Ebenso notwendig wie der Wille zur Veränderung ist das Wissen über Lean, seine Prinzipien und Methoden. Der Wille und das Wissen, wie man es macht, sind somit das zündende Gemisch für den Change.

Wichtig ist es daher, dass du dieses Wissen ins Unternehmen holst und verankerst. Die flächendeckenden Schulungen über Lean-Grundlagen, über

Verschwendung und Lean-Prinzipien sind ein erster Schritt, um alle Mitarbeiter auf ein Wissensniveau zu bringen. Auch spezifisches Wissen über die Lean-Methoden ist wichtig und erfordert eigene Schulungen. Diese sollen immer an deine Produkte, Prozesse und Geschichte deines Unternehmens angepasst sein. Du wirst aus der Erfahrung im Change viel Wissen im eigenen Unternehmen aufbauen und das wird wiederum helfen neue Lösungen zu finden.

Viel allgemeines Lean-Wissen ist gut dokumentiert, niedergeschrieben und auch online zugänglich. Aber der vielleicht größte Teil des weltweiten Lean-Wissens steckt in unzähligen, intelligenten Lösungen bei tausenden von Firmen, die seit Jahren Lean-Management betreiben. Einige sind stolz darüber und öffnen ihre Türen für Besucher. Schau dich um. Benchmark-Besuche bei Firmen sind eine gute Inspirationsquelle und ein Weg, um das eigene Praxiswissen aufzubauen.

Das Wissen in Standards bewahren

Im Change ist es wichtig, das aufgebaute Lean-Wissen in Form von Standards zu zementieren. Das haben wir auch schon im Standardisierungsprinzip kennengelernt und auch bei der 5 S-Methode diskutiert. Und weil Standards nur Sinn machen, wenn sie jedem bekannt sind, musst du sicherstellen, dass du diese auch kommunizierst.

Die kontinuierliche Verbesserung ist der entscheidende Mindset der Lean-Transformation. Um den Rückschritt zu den alten Prozessen zu verhindern, musst du das neue Wissen in Standards festhalten. Das können Prozessbeschreibungen, Qualitätskriterien, Messgrößen, Checklisten, Audits oder auch Trainings sein.

Es kostet viel Zeit und Energie, Dinge das erste Mal zu erarbeiten. Gerade Details, die zu Beginn des Change erarbeitet werden müssen, wie das Format von Kanban-Karten oder das Konzept für Regale, sind zeitaufwendig. Damit du (und andere) diesen Aufwand aber nur einmal hast, solltest du diese „Best Practices" für dein Unternehmen als Standard festlegen. Am besten sogar in gedruckter Form, beispielsweise als kleines Booklet. So entwickelst du dein firmenspezifisches Produktionskonzept. Standards sichern dir nicht nur die Veränderung ab, sondern helfen dir auch beim Ausrollen des Change auf alle Abteilungen und Standorte der Firma.

Jedoch ist auch hier wichtig, bei der Festlegung der Standards ein gesundes Maß an Regulierung zu finden. Du kannst es bei der Festlegung

von Standards auch übertreiben. Eine gewisse Flexibilität und Innovations-
fähigkeit müssen möglich sein. Ab einem Punkt kostet das Sicherstellen
der Standards mehr als sie bringen. Vor allem dürfen die Standards nicht so
eng gefasst werden, dass man dann für jeden Fall eine Ausnahmeregelung
braucht. Aber auf der anderen Seite müssen sie so präzise formuliert und
beschrieben werden, dass sie auch umsetzbar sind. Die hohe Kunst ist
dann noch, diese Beschreibung so einfach und verständlich wie möglich zu
formulieren und darzustellen.

Und zuletzt noch ein Tipp aus der Praxis. Involviere bei der Erstellung
der Standards auch andere Abteilungen wie Marketing, IT, Finanz oder
Personal, damit die neuen Prozessstandards auch zu ihren Zielen passen.

5.5   Schritt 3: Eine Vision entwickeln

Wie scharf ist das Bild?

Wenn die Mitarbeiter in deinem Unternehmen besser werden *wollen* und
auch *wissen*, wie sie das mit Lean-Methoden erreichen können, kann der
Change-Prozess Fahrt aufnehmen. Jetzt geht es darum, dem Wandel die
richtige Richtung vorzugeben und Leitplanken zu setzen. Die Vorstellung
darüber, wie der veränderte Prozess aussehen muss, ist die Vorgabe. Und
wenn alle ein gleiches Bild der Zukunft im Kopf haben, werden sie auch in
die gleiche Richtung ziehen.

Vielleicht musstest du schon Management Workshops über dich ergehen
lassen, in denen nach vielen Stunden Arbeit Unternehmens-Ziele erarbeitet
wurden. „Wir wollen Marktführer werden", „wir wollen Synergien auf allen
Ebenen nutzen" oder „wir wollen den Shareholder Value unserer Firma

maximieren" waren hart erarbeitete Ergebnisse. Das sind zwar alles legitime Ziele, sie sind für einen Lean-Change im Bereich der Fertigung oder der ganzen Supply-Chain aber nicht präzise genug. Denn es gäbe unendlich viele Möglichkeiten diese Ziele zu erreichen. Wichtiger als ein fernes, abstraktes Ziel zu beschreiben ist es im Lean-Change sich über den Weg zu einigen. Hierzu müssen die Ziele konkreter werden.

Du brauchst also eine Vision der Zukunft, die vor allem auf die Prozesse in deinem Unternehmen bezogen ist. Formuliere daher lieber Meilensteine, die sich an konkreten operativen Zielen innerhalb des Prozesses und dessen Wertstrom richten und die Kundenbedürfnisse in den Fokus stellen. Die Vision sollte zum Beispiel folgende Fragen klären: Welche Lieferzeiten strebst du an? Wie viele Handlungsschritte soll es dazu in Zukunft bis zur Bereitstellung des Materials geben? Wie muss der Material- und Informationsfluss hierzu aussehen? Welche Durchlaufzeit soll das Produkt haben und wie viel Material darf hierzu maximal im Lager liegen? Wie schnell muss dazu die Rüstzeit werden?

Die Vision muss im ganzen Unternehmen kommuniziert werden und dazu klar und detailliert definiert sein. Zahlen können helfen, die Vision zu konkretisieren, aber noch besser ist es, die Vision der Zukunft in Bildern zu transportieren. Zum Beispiel als Wertstrom oder Swimlane der Zukunft. Oder als ideale Handlingstufen-Darstellung. Wie sieht das Layout in der nächsten Produktgeneration aus? Es gilt das Motto „1 Bild sagt mehr als 1000 Worte".

Die Vision endet nicht am Werkstor

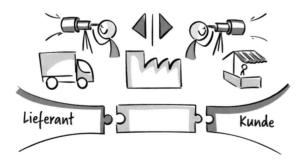

Der Produktionsprozess ist immer mit Lieferanten und Partnern verbunden. Nach der Umsetzung von Lean-Methoden wie Milkrun oder Just-In-Sequence, sind die Lieferanten sogar noch enger mit deinem Produktionsprozess verzahnt. Eine schlechte Lieferleistung hat dann sehr schnell und unmittelbar Auswirkungen auf die eigene Lieferperformance. Daher ist das frühzeitige Involvieren der externen Partner entscheidend für den Erfolg. Ihr Input, wie auch die Notwendigkeit ihrer Veränderungsbereitschaft, sind wichtige Voraussetzung für den Change. Die Erfahrung zeigt, dass sich die Kommunikation zu den Partnern durch die gemeinsame Erarbeitung einer Vision verbessert und sich neue Win–Win-Perspektiven auftun.

Wie digital ist die Vision der Zukunft?

Wie kombiniert man Lean und Digitalisierung? Dieses wichtige, aber auch konfliktreiche Thema spielt eine immer größere Rolle in der Praxis. Es gibt zwar immer mehr Möglichkeiten den Produktionsprozess mithilfe der Digitalisierung schneller, sicherer und mit weniger Personal umzusetzen, aber das digitale und technisch Machbare ist nicht immer lean, nachhaltig und schon gar nicht kostenoptimal.

Gerade wenn Firmen schon umfassende IT-Systeme zur Steuerung der Produktion im Einsatz haben, besteht die Gefahr, dass eine Vision über einen Informationsfluss entwickelt wird, ohne dabei die Konsequenzen auf den realen Materialfluss zu betrachten. Das Ergebnis daraus sind viele Handlingsschritte, längere Durchlaufzeiten und letztendlich auch höhere Gesamtkosten. Für den Kunden werden die Produkte dann unterm Strich teurer und die Lieferperformance schlechter.

Digitale Lösungen bergen ein enormes Potenzial aber bei der Erstellung der Lean-Zukunftsvision gilt die Regel: Lean first, Digital second. Nicht nur weil das Ergebnis dieser Logik ein schlanker Prozess ist. Auch für die Digitalisierung ist diese Reihenfolge sinnvoller, egal welcher Art und an welcher Stelle des Produktionsprozesses. Digitalisierung ist mit stabilen und schlanken Prozessen immer leichter umzusetzen. Lean schafft diese Stabilität. Vier Beispiele für die richtige Reihenfolge in der Vision:

1. Nach der Umstellung von Push auf Pull können die Kanban-Regelkreise im ERP digital abgebildet werden. Buchungen können so per Scan und in Echtzeit durchgeführt werden. Und aus dem System gibt die Historie der Kanban-Buchungen wieder wichtige Informationen zur weiteren Optimierung.
2. Sequenzierung bringt große Vorteile, bedeutet aber Aufwand zur Kommissionierung im Supermarkt. Die digitale Lösung durch Pick-by-Light Systeme leitet den Kommissionierer an den richtigen Behälter und beschleunigt die Kommissionierung.
3. Shopfloor-Management bringt die notwendige Transparenz zur Steuerung der Produktion. Durch eine digitale Lösung können KPIs in Echtzeit und ohne manuellen Aufwand verfügbar gemacht werden.
4. Das breite Erfassen von Produktions- und Qualitätsdaten in den schlanken Prozessen bringt dir Transparenz und Fakten für weitere Optimierungen. So kannst du durch Speicherung und Auswertung dieser Daten weitere Verschwendungen identifizieren und Verbesserungen daraus ableiten.

Wir können zusammenfassen, dass Digitalisierung nicht im Wettbewerb zu Lean steht. Digitalisierung ist der Freund von Lean. Also integriere die Digitalisierung in die Vision der schlanken Prozesse.

5.6   Schritt 4: Umsetzung planen

Planung ist Teamwork

Wenn das Ziel und die gemeinsame Vision klar sind, müssen Maßnahmen erarbeitet und abgestimmt werden, um diese Vision in die Wirklichkeit umzusetzen. Der Umsetzungsplan zeigt hierzu, was, wann und von wem umgesetzt wird. Je mehr Mitarbeiter in den Planungsprozess involviert werden, desto höher ist die Akzeptanz und desto einfacher die Umsetzung.

Umfassendere Veränderungen in Prozessen, die alle Abteilungen betreffen, sollten langfristig geplant und vom Managementteam genehmigt werden. Überlege, wie ein Steuerkreis zusammengesetzt sein muss, der den Change-Plan genehmigen, aber später auch einfordern kann. Bei jeder Lean-Transformation muss es klar sein, wie die Entscheidung für den Plan getroffen wird.

Aber nicht jede kleine Veränderung sollte zentral organisiert werden. Das würde die Dynamik des Change ausbremsen. Denn es ist auch die Summe von vielen kleinen Verbesserungen, die den Wandel ausmachen. Jedes Team sollte daher die Kompetenzen und das Budget zur Umsetzung von Lean-Maßnahmen im eigenen Bereich haben. Die Spielregeln, wie Budget und Kapazität hierfür, sollten klar festgelegt sein. Dann können kleine Verbesserungen schnell, unbürokratisch und einfach umgesetzt werden.

Der Plan und die Maßnahmen müssen kommuniziert werden. Das schafft Transparenz und Planungssicherheit und hilft dir, bei der schnellen Umsetzung.

Workshops und Projekte, aber auch Quick-Wins

Damit Veränderungen erfolgreich umgesetzt werden können, ist ein Zusammenspiel von vielen Faktoren notwendig. Menschen, Technik und Organisation müssen sich neu finden, gewohnte Prozesse und Abläufe werden durch neue Vorgehensweisen ersetzt. Damit das realisiert werden kann, hat sich die Umsetzung in übersichtlichen definierten Schritten als erfolgsversprechend gezeigt. Schnellere Resultate, fokussierter Ressourceneinsatz und umgehende Korrektur bei Fehlern sind nur einige der Vorteile dieser Vorgehensweise. Es gibt zwei organisatorische Formen, um den Change-Plan in Schritten umzusetzen: Das Projekt und der Workshop.

Im Projekt wird eine große, komplexe und zusammenhängende Aufgabe, wie ein neues Werk oder Produkt, organisiert. Der Projektleiter steuert den Zeitplan und die Ressourcen des Projekts. Typischerweise läuft es dann über mehrere Wochen, Monate oder Jahre. Das Projekt ist zur Steuerung in Phasen aufgeteilt, die jeweils mit Meilensteinen abschließen.

Beim Workshop ist die Aufgabe begrenzt und innerhalb von einer bis zwei Wochen abzuarbeiten. Viele der vorgestellten Lean-Methoden lassen sich gut in Form eines Workshops bearbeiten. Der Workshop wird vom Moderator „moderiert“. Die Idee besteht darin, dass ein Problem von der Analyse bis zur Umsetzung in einem Zug erledigt wird. Es ist wichtig für die Effizienz des Workshops, dass du die Inhalte, den Ablauf, die Teilnehmer und den Zeitpunkt genau in einer Agenda, mindestens auf Stundenbasis definierst. Am Schluss des Workshops präsentieren die Teilnehmer (nicht der Moderator) das Ergebnis.

Durch die sequenzielle Abarbeitung mit einer Folge von mehreren Workshops pro Themenbereich kannst du auch große Veränderungen umsetzen. Oft schneller als durch ein Projekt.

So ist der Workshop die effektivste Organisation für den Change und wenn möglich dem Projekt vorzuziehen.

Auch neuere Projektmanagement-Ansätze, wie das aus der Softwareentwicklung stammende SCRUM (Gedränge), arbeiten mit der Idee der schnellen Umsetzung in kleinen Schritten. Lean-Production war ein wichtiger Ideengeber für diese inzwischen weit verbreitete Entwicklungsmethode. Die Prinzipien „Fluss" und „Takt" sind dabei die Grundprinzipien von SCRUM. Die Methodik zeichnet sich dadurch aus, dass autonome Teams das Produkt, in überschaubaren und wiederkehrenden Etappen, den sogenannten Sprints (z. B. alle 14 Tage), entwickeln. Die Basis stellt das gemeinsame Ziel dar, der Weg wird jedoch dem Team überlassen.

Die Themen zur Verbesserung der Prozesse sind unbegrenzt – nicht aber die Ressourcen zur Abarbeitung. Daher gilt beim Projekt oder Workshop, dass die Ziele, aber auch die notwendigen Ressourcen im Vorfeld geklärt sind und im Plan berücksichtigt werden. Du kannst dann sehen, ob der Fokus richtig gesetzt ist, nicht zu viele Punkte parallel gemacht werden und die Ressourcen ausreichen.

Der Change wird hauptsächlich in Workshops oder Projekten geplant und geführt. Trotzdem können auch kleine Verbesserungen, die im Alltag erkannt werden, schnell und unbürokratisch von den eigenen Mitarbeitern umgesetzt werden. Diese Quick-Wins bringen eine operative Verbesserung, sind aber vor allem auch für die Mitarbeiter motivierend. Es sind meistens Verbesserungen, die die Mitarbeiter und Kunden spüren, auch wenn sie hinsichtlich finanzieller Resultate nicht immer messbar sind.

In einem Unternehmen mit rund 70 Produktionsmitarbeitern konnten durch den Start eines umfassenden 5 S-Programms über 150 Verbesserungsinitiativen in 12 Wochen identifiziert werden, und davon rund 100 Initiativen direkt ohne großes Projekt umgesetzt werden. In Summe konnten in dieser Firma innerhalb 12 Wochen rund 300.000 € eingespart werden. Was für ein Erfolg.

Plane von innen nach außen und stromaufwärts

Der Veränderungstakt wird in Workshops und Projekten festgelegt. Entscheidend ist, dass du den Plan nicht überlädst und nicht überall parallel veränderst, sondern Bereich für Bereich, Prozess für Prozess. Aber in welchem Bereich sollen diese Veränderungen beginnen, mit welchen Themen und in welcher Reihenfolge?

Sicher gibt es situationsbezogene Rahmenbedingungen, die eine ideale Reihenfolge bestimmen, zum Beispiel wenn ein Bereich besonders viel Verschwendung aufweist oder der Prozess ein Bottleneck ist. Grundsätzlich ist aber der Change von innen nach außen und stromaufwärts sinnvoll.

Von innen nach außen bedeutet, dass du die Verbesserung erst in den Wertschöpfungsbereichen beginnst, dann gehst du die Materialversorgung dieser Bereiche an. Zuerst die innerbetriebliche Versorgungslogistik dann die externe. Anschließend folgen die indirekten Bereiche wie Einkauf, Vertrieb und Entwicklung.

Stromaufwärts bedeutet, dass die Verbesserung im Versand begonnen und dann, Prozess für Prozess, von den Endmontagen bis zur Einzelteilfertigung in Richtung Wertschöpfungstiefe fortgesetzt wird.

Dieses kunden- und wertschöpfungsorientierte Vorgehen vermeidet, dass in Bereiche, in denen die Verschwendung rausgekehrt wurde, diese über die Hintertür wieder aus anderen Bereichen hereingetragen wird.

Die Reihenfolge der Lean-Methoden folgt ebenfalls dieser Logik. So kannst du zum Beispiel die Grundlagen mit 5 S in den wertschöpfenden Bereichen schaffen und anschließend hier für Takt und Fluss sorgen (Austaktung oder Zoning als Stichworte). Im Nachgang geht es an die

Verbesserung der tieferen Wertschöpfungsstufen (SMED) und die Material-versorgung (Milkrun, Kanban, Sequenzierung). Parallel muss immer auf Prozessstabilität geachtet werden (A3, Andon, Shopfloor-Management).

Ressourcen planen und aufbauen

Man kann die Transformation zur Lean-Firma nicht machen, ohne finanzielle und personelle Ressourcen und Zeit dafür einzusetzen. Daher sind auch das Commitment und der langfristige Wille zum Change vom Management so wichtig. Denn das Management muss diese Ressourcen bereitstellen und darauf achten, dass die Priorität für den Change im All-tag nicht verlorengeht. Dies haben wir an der einen oder anderen Stelle schon eingehend diskutiert. Investitionsentscheide für Ressourcen zeigen den echten Willen des Managements. Darum ist das ehrliche Commit-ment für die Veränderung spätestens jetzt, bei der Frage nach Ressourcen, ersichtlich.Es gibt mehrere Wege, um die Ressourcen für Projekte bereit-zustellen und Veränderungen nach vorne zu bringen. Das Beispiel des Schweizer Badewannenherstellers zeigt, wie bewusst Freiräume für den Change geschaffen werden können. Die Mitarbeiter und Teams sollten in den Workshops definierte Ziele erreichen. Hierfür müssen sie in dieser Zeit von anderen Tätigkeiten freigestellt werden.

Externe Lean-Berater können Lean-Erfahrung aus vielen Unternehmen mitbringen und gerade zu Beginn des Change eine gute Starthilfe leisten. Für größere Unternehmen wird sich schnell auch eine eigene Lean-Organisation rechnen, die z. B. von einem Lean-Manager geleitet wird, der Methodenkompetenz mitbringt und den Change-Prozess moderiert. In jedem Fall sollten mit der Zeit aber eigene Mitarbeiter aus jeder Abteilung befähigt werden, die Lean-Projekte zu leiten. Da die Lean-Aktivitäten die Produktivität erhöhen, werden Kapazitäten und Mitarbeiter frei. Diese können als Lean-Multiplikatoren den Change weiter voranbringen. So können die Kapazitäten für den Change aus den umgesetzten Verbesserungen geschaffen werden. Das ist eine gute Gelegenheit, um Mitarbeiter aus dem operativen Bereich zu motivieren und sich weiter zu entwickeln.

5.7   Schritt 5: Veränderung umsetzen

Es gibt nichts Gutes, außer man tut es

Die Veränderung zu Lean spielt sich zu 90 % in den Köpfen, aber zu 100 % im Shopfloor ab. Der Wille zur Veränderung, das Wissen wie die Veränderung zu bewerkstelligen ist und ein guter Plan sind drei Voraussetzungen dafür, dass die Ergebnisse erreicht werden können. Aber man muss die Veränderung letztendlich auch einfach machen. Das bedeutet, die Prozesse umbauen und die Abläufe in der Realität ändern. Die Bemühungen werden nämlich erst kostenwirksam, wenn eine physische und sichtbare Veränderung stattgefunden hat. Wenn also das Regal tatsächlich näher an den Espressoautomaten geschoben wurde.

Die Umsetzung gewinnt an Fahrt, wenn alle mit anpacken. Auch das Management muss an der konkreten Umsetzung beteiligt sein, selbst wenn die Agenda voll ist. Die Beteiligung an Workshops muss auch für den Chef zur Pflicht werden. Und wenn man malt, darf auch die Farbe nicht fehlen. Die Mittel zur Umsetzung müssen da sein, um den Aufbau von Regalen, Hilfsmitteln, Wägen und Vorrichtung schon im Workshop aufzubauen. Am schnellsten geschieht das in der eigenen Lean-Werkstatt.

Die Lean-Werkstatt

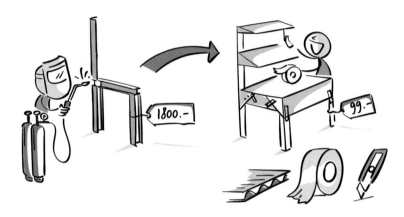

Mit einer Lean-Werkstatt zur Herstellung von Arbeitsmitteln kann der Change einen Zahn zulegen. Hier können Ideen schon im Workshop vom Workshop-Team umgesetzt werden. Wir haben festgestellt, dass kleine technische Hilfsmittel oder auch Umbauten entscheidend sind für den schnellen Erfolg. PowerPoint-Grafiken können den Weg und das Konzept aufzeigen, aber die physische Umsetzung kann viel Zeit verschlingen. Darum können internes Knowhow und Kapazitäten zur konkreten technischen Umsetzung entscheidend sein. Dabei ist wichtig, dass bei vielen Veränderungen das Testen dieser Hilfsmittel nicht außer Acht gelassen wird. Nur so können Probleme im Vorfeld abgefangen werden. Seien es Betriebsmittel, Regale, Transportwagen oder ganze Arbeitsplätze. In der Lean-Werkstatt können schnell auch funktionsfähige Prototypen dieser Lösungen hergestellt werden.Zum Beispiel kann man mit dem Cardboard-Engineering schnell und günstig ein 1:1-Modell des Arbeitsplatzes abbilden, um die neuen Prozesse realitätsnah zu erproben. Wie ein 3D-Drucker für Prozesse.

Fehler im Konzept sind dadurch einfach und sofort erkennbar, bevor größere Investitionen realisiert werden.

Die Umsetzung steuern

Die Umsetzung des Change-Plans muss nach der Verabschiedung gesteuert werden. Regelmäßige Steuerungsmeetings begleiten und steuern die Veränderung. So können die Workshop- und Projektergebnisse von den eigenen Mitarbeitern dem Gremium vorgestellt werden, möglichst mit quantifizierten Resultaten. Das gibt den Mitarbeitern das Gefühl, dass die Umsetzung wichtig ist und vom Management gewollt und unterstützt wird.

Das Steuerungsmeeting ist aber keine Einbahnstraße. Die Mitarbeiter sollen die Ergebnisse aus Workshops und Projekten präsentieren, aber bei Problemen auch Hilfe einfordern. Im Sinne eins Feedbacks oder einer Expertenmeinung sollen den Teams so geholfen werden, die Hürden zu überwinden, die im eigenen Team nicht genommen werden können.

Ganz im Sinne von Lean sollte das Steuerungsmeeting nach einem fixen Rhythmus periodisch stattfinden. Jedes effiziente Meeting braucht eine kommunizierte Agenda und sollte kurz sein – sicher nicht länger als eine bis zwei Stunden. Zusätzlich sollte die Geschäftsleitung an der Sitzung teilnehmen.

Bei jeder Umsetzung, in jedem Workshop und Projekt sollten die Resultate gemessen und dokumentiert werden. Gerade Vorher- und Nacher-Fotos der Veränderung helfen, die Erfolge aufzuzeigen und motivieren andere Bereiche. Durch das Abschließen von Initiativen mit messbaren Erfolgen wachsen auch die Akzeptanz und dann der Wille zur weiteren Veränderung, und nicht nur auf dem Shopfloor.

5.8   Und wie geht es weiter?

Das ist das Ende dieses Buches... ... und der Start einer inspirierenden Reise zu mehr Produktivität. Egal was du machst, mache es mit Lean und mit Leidenschaft!

Wir kommen langsam ans Ende unserer gemeinsamen Lean-Reise. Wir hoffen, dass wir dich inspiriert haben, Prozesse mit einem anderen Auge zu sehen – dem Lean-Auge. Du bist nun ein echter Experte und Gestalter. Und sicher hast du schon viele Ideen für deinen Change. Also jetzt nichts wie los und deine Prozesse verschlanken!

Wir haben den Fokus in unserem Buch auf Lean in der Produktion gelegt. Aber auch außerhalb der Produktion kannst du Lean anwenden. Das Spaghetti-Diagramm funktioniert ebenso zur Analyse von Wegen zum Kopierer und zu Dokumenten im Büro und Verschwendungen kommen auch in Einkaufs- oder Vertriebsprozessen mit einer Swimlane ans Tageslicht. Und gleichermaßen kann der Entwicklungsprozess auf Lean getrimmt werden. Lean-Development ist das Schlagwort. Die Prinzipien wie Takt und Fluss sind nämlich in der Entwicklung genauso wichtig, wie in der Produktion. Kanban, Shopfloor-Management oder A3 lassen sich, mit wenigen Anpassungen, auch hier anwenden.

Und auch außerhalb der Fabrikhallen macht Lean nicht halt. Mehr und mehr wird Lean in unterschiedlichsten Branchen angewendet. Im Bau spricht man von Lean-Construction, im Gesundheitswesen vom Lean-Hospital, in der Softwareentwicklung vom Lean-Software-Development oder selbst in der Landwirtschaft vom Lean-Farming. Das sind nur einige Branchen, die Optimierung der Prozesse mit den Ansätzen von Lean als Potenzial erkannt haben und systematisch Lean-Prinzipien und -Methoden zur Effizienzsteigerung nutzen. In vielen Branchen, wie im Bau, wurden dazu die angestammten Methoden ergänzt und neue, spezifische Methoden entwickelt. Aber es geht weiter. Auch Schulen und Universitäten können noch einiges von Lean lernen und ihre Prozesse verschlanken. Viele Prozesse hier sind administrativ getrieben und oft nicht auf den Kundennutzen ausgerichtet. Hier werden noch viel Geld und Zeit verschwendet. Lean hält also kontinuierlich in vielen Bereichen Einzug.

Auch inhaltlich geht es weiter. Die Lean-Philosophie und die Lean-Methoden entwickeln sich stetig weiter. Ein aktuelles und großes Forschungsgebiet dreht sich in diesem Zusammenhang um die Frage, wie die Digitalisierung Lean unterstützen kann. Neue technologische Ansätze versprechen dabei große Potenziale für die Industrie. Das Thema Industrie 4.0 ist in aller Munde, und die Firmen versuchen ihren digitalen Weg zu finden. Was heißt dies nun für Lean? Erfährt Lean Ergänzungen oder sogar Veränderungen? Wir sehen viele gute Ansätze und Produkte aus dem Bereich der Digitalisierung durch die Lean einfacher, schneller und effizienter umgesetzt werden kann. Von der intelligenten Maschine über den digitalen Shopfloor bis zum fahrerlosen Milkrun mit intelligenter Route sind die Möglichkeiten nahezu grenzenlos.

Also: Egal auf welchem Lean-Level du dich befindest und in welcher Branche du arbeitest. Vermeidung von Verschwendung endet nie. Es geht also immer wieder von vorne los mit der Frage: ***Wo kann ich noch Verschwendung finden und reduzieren? … gilt übrigens auch zu Hause.***

Literatur

Imai M (1986) Kaizen (Ky'zen): The key to Japan's competitive success. McGraw-Hill, New York

Liker JK, Ogden TN (2011) Toyota under fire: Lessons for turning crisis into opportunity. McGraw-Hill, New York

Ōno T, Bodek N (2008) Toyota production system: Beyond large-scale production, [Reprinted]. Productivity Press, New York, NY

Ōno T, Hof W, Stotko EC, Rother M (2013) Das Toyota-Produktionssystem: Das Standardwerk zur Lean Production, 3., erw. und aktualisierte Aufl. Produktion. Campus-Verl., Frankfurt am Main

Rother M, Shook J (2009) Learning to see: Value-stream mapping to create value and eliminate muda, Version 1.4. A lean tool kit method and workbook. Lean Enterprise Inst, Cambridge, Mass.

Schönsleben P (2016) Integrales Logistikmanagement: Operations und Supply Chain Management innerhalb des Unternehmens und unternehmensübergreifend, 7., bearbeitete und erweiterte Auflage. Springer Vieweg, Berlin, Heidelberg

Syed M (2015) Black box thinking: The surprising truth about success (and why some people never learn from their mistakes). John Murray, London

Wikipedia (2020a) Prinzip. https://de.wikipedia.org/w/index.php?title=Prinzip&oldid=196498109. Accessed 28 September 2020

Wikipedia (2020b) Verschwendung. https://de.wikipedia.org/w/index.php?title=Verschwendung&oldid=203991540. Accessed 28 September 2020

Womack JP, Jones DT, Roos D (2007) The machine that changed the world: The story of lean production ; Toyota's secret weapon in the global car wars that is revolutionizing world industry, 1. pb. ed. Business. Free Press, New York, NY

© Der/die Herausgeber bzw. der/die Autor(en), exklusiv lizenziert durch Springer-Verlag GmbH, DE, ein Teil von Springer Nature 2021
R. Hänggi et al., *LEAN Production – einfach und umfassend*,
https://doi.org/10.1007/978-3-662-62702-0

Printed in the United States
By Bookmasters